JN327149

ネルギーシリーズ｜vol.5

「原発事故子ども・被災者支援法」と「避難の権利」

eシフト（脱原発・新しいエネルギー政策を実現する会）編

合同ブックレット・eシフトエネルギーシリーズについて

私たち「eシフト＝脱原発・新しいエネルギー政策を実現する会」は、３・11のあとに、福島第一原発事故のような事態を二度とくり返さないために誕生しました。原子力に依存してきた日本のエネルギー政策を自然エネルギーなどの安全で持続可能なものに転換させることを目指す市民のネットワークです。個人の参加に加えて、気候ネットワーク、原子力資料情報室、ＷＷＦジャパン、環境エネルギー政策研究所、ＦｏＥジャパンなど、さまざまな団体が参加しています。

エネルギー政策は政府だけのものではありません。すべての市民に関係しています。しかし、２０１１年３月の福島第一原子力発電所事故の後、８割以上の市民が「脱原発」の意思表示をしているにもかかわらず(日本世論調査会２０１１年６月19日発表)、政府の原子力推進の方針は変わっていません。

私たちｅシフトは、自然エネルギーを活用した新しいエネルギー政策をみずから提案し、多くの人の声と力を集め、政治に働きかけ、これを実現させていくという目標を掲げています。正しい情報を集め、わかりやすく人びとに伝え、いま何をしたら良いのか、みなさんと一緒に考え、行動していきたいと思っています。

そのために、この合同ブックレット・ｅシフトエネルギーシリーズでは、脱原発と新しいエネルギー政策を実現するためのキーワードを取り上げて、有効な知識や論点、方法を見いだしていきます。

ぜひ、みなさまの学習や活動にお役立てください。

読者のみなさまへ

東京電力福島第一原発事故から、3年――。

しかし、事故はまだ続いています。

漏れ続け、どんどん「最高記録」を更新している汚染水。

土壌や植物、街なかの道路、家の屋根に固着してしまった放射性物質。

そして、地域社会や人のつながりの分断。

もはや、社会全体に疲労感がただよい、驚いたり、怒ったり、恐怖を感じたりする感覚すら、麻痺してきてしまっているのではないでしょうか？


それでも、市民たちは事故や被ばくの被害を最小限に食い止め、健康に、安心して、尊厳をもって生きる権利を確立しようと四苦八苦してきました。自分のために、他者のために。20ミリシーベルト撤回運動、自主的避難に賠償を求める運動、「選択的避難区域」設定や避難の権利を求める運動、子ども・被災者支援法の実施を求める運動、健康管理調査を改善するための運動――。政策の問題点を指摘し、社会に訴え、改善を提案し、それぞれの地域で被災者支援を実践していく環が広がってきたのです。

このブックレットは、活動にかかわってきた当事者たちが、3・11以降の避難と帰還、賠償、被災者支援をめぐる実情と、政策的な課題について紹介したものです。

本書が、これらの問題に関心をもち、「何かをしたい」と望んでいるすべての市民のみなさまのお役に立てれば幸いです。

満田夏花（ＦｏＥ Ｊａｐａｎ理事）

もくじ

表紙デザイン TR・デザインルーム

第1章

「帰還」促進政策下での「避難の権利」

満田夏花（FoE Japan理事）

原発震災から3年が過ぎようとしています。復興の掛け声が大きくなる中、避難と帰還のはざまで苦しむ人たちがいます。

郡山市の仮設住宅に住む、川内村村民のSさんもその一人。川内村は2011年3月15日に全村避難を行ないました。その後、2012年には他に先駆けて「帰村宣言」が出されました。しかしSさんによれば、実際に帰村できている住民は2割程度にとどまります。20㎞圏から30㎞圏にかけての「旧緊急時避難準備区域」の解除に伴い、2012年8月には一人当たり月10万円の損害賠償が打ち切られ、さらに2013年3月には、生活保障も打ち切られました。しかし、線量は充分に下がっていないため、子どものいる家族は、避難の継続を希望しています。近くの医療機関が閉鎖したままであること、長い避難生活によって荒廃した自宅の修理ができないなど、放射能への懸念以外にも帰村できない理由はあります。

避難指定解除と賠償の打ち切り

避難区域が解除となり、そして賠償が打ち切られた――。でも、帰るに帰れない。そんな苦悩を抱えながら避難生活を送る人たち。福島原発事故により、約16万人以上の人びとがふるさとを失い、避難を強いられたとされています。このうち、原発から20～30㎞圏の「旧緊急時避難区域」からの避難者は2万8000人でした。2011年9月30日に解除になり、賠償は2012年8月に打ち切られました。それなのに、2013年9月の段階で、避難者はいまだに2万1000人いるのです。

それ以外にも、避難したくても避難できなかった人たち、賠償のあてもなく自主的避難を強いられた人など、住む地域や置かれた状況、放射能に対する考え方によって福島の人たちは幾重にも分断されてきました。

2011年3月11日の東京電力福島第一原発事故による放射能汚染に伴い、福島原発から20㎞圏内の市町村および飯舘村・南相馬市などは避難区域に設定されました。しかし、2012年以降、避難区域が再編され、2014年4月以降避難指示解除が順次、進められようとしています。

表1は再編されたあとの2014年3月現在の避難区域です。

避難区域だけではなく伊達市霊山町小国地区や南相馬市などで世帯ごとに指定された「特定避難勧奨地点」も解除が進んでいます。

伊達市小国地区に住み、「特定避難勧奨地点」の指定をうけ、避難をしていた主婦Sさんは、2012年12月14日、〝避難勧奨〟の解除をテレビニュースで知りました。「動けなくなるほど驚いた」と言います。

表1　再編後の区域区分

避難指示解除準備区域	現在の避難指示区域のうち、年間積算線量20ミリシーベルト以下となることが確実であることが確認された地域。早期帰還に向けた除染、都市基盤復旧、雇用対策などを早急に行ない、生活環境が整えば順次解除される。
居住制限区域	現在の避難指示区域のうち、現時点からの年間積算線量が20ミリシーベルトを超えるおそれがあり、住民の被ばく線量を低減する観点から引続き避難を継続することを求める地域。一時帰宅は可能、また、除染で線量が下がれば帰還可能。
帰還困難区域	長期間、具体的には5年間を経過してもなお、年間積算線量が20ミリシーベルトを下回らないおそれのある、現時点で年間積算線量が50ミリシーベルト超の地域。国が不動産の買い上げを検討する。

出典：経済産業省より

「解除猶予期間もない。説明会や相談会もない。たった1回の除染と測定で高線量の地域に戻されるとは思いもしませんでした」とSさんは話してくれました。

Sさんの実家付近には、いまだに毎時3マイクロシーベルト以上の場所が残っています。訓練を受けた人しか立ち入りができず、その中では飲食も禁止である「放射線管理区域」の数倍以上の場所がたくさんあるのです。さらに土壌汚染も深刻で、私たちの実施した調査では、放射性セシウム濃度が1kg当たり合計10万ベクレル以上の場所もありました。

それなのに「特定避難勧奨地点」の指定は解除になり、そして3カ月後には賠償も打ち切られました。避難していた住民たちは今、「兵糧攻め」のようにして帰還の決断を迫られています。

この伊達市小国地区の状況は、これから始まる本格的な避難区域の解除と帰還促進の序章です。

2013年8月8日、計画的避難区域に指定されていた川俣町山木屋地区が、避難指示解除準備区域と居住制限区域に再編されました。これにより、福島原発事故に伴って福島県内11市町村に設定されていた警戒区域・計画的避難区域の再編が、すべて完了したことになります。

再編後は、「避難指示解除準備区域」では準備が整ったところから順に避難指示が解除されていくことになります。政府は年20ミリシーベルトを避難の基準としていましたが、避難指示の解除についても年20ミリシーベルトを下回り、インフラの整備に問題がないことを条件としています。

実際は、避難指示解除準備区域で、現在、年20ミリシーベルトというような高い線量を観測することはないため、線量基準は、無いのも同然です。あとは、政府や自治体の政治的な判断にまかされてしまいます。避難指示が解除されてから賠償の打ち切りまでの期間は、政府指示の「避難区域」であれば1年、世帯ごとに指定された「特定避難勧奨地点」のばあいは、たったの3カ月です。

住民が被ばくを恐れて避難継続を選択するのであれば、これ以降は賠償も支援もなく、持ち家のローンを抱えた人は家賃とローンの支払いに苦しみ、経済的な困窮状態に置かれることになります。

ところが、それでも「避難し続けること」を選択する人たちが多いのです。伊達市小国地区では、避難していた94世帯のうち、解除によって帰還したのは13年6月時点で13世帯にとどまります（朝日新聞2013年6月24日付「（見つめる）福島・伊達の小国　避難勧奨解除半年、戻らぬ家族　東日本大震災3年目」）。前述のSさんは、3児の母です。子どもたちを守るために「避難し続けること」を選択しました。

避難区域の再編や解除において住民の意思がどこまで尊重されたのか。今後尊重されるのか、はなはだ疑問です。

自治体や住民側には、再編を受け入れなければ、公共施設の整備など復興が進まないという理由から、再編を受け入れるしか選択肢がないという状況がありました。また、帰還を進めて町を再興したいという自治体の首長の考えと、住民の考えが食い違うこともあります。

伊達市小国地区のばあい、住民説明会も実施されず、住民の意向はまったく反映されませんでした。

最小限に抑えられた避難指示区域

現在の避難解除と帰還促進政策をめぐる問題の根本には、国が避難を最小限に抑えたことがあります。政府は、「100ミリシーベルト以下の低線量被ばくでは、放射線による発がんのリスクは他の要因による発がんの影響によって隠れてしまうほど小さく、がんの明らかな増加を証明することは難しい」とし、これを理由に、住民の被ばくリスクを回避するよりも、「影響はない」という宣伝を優先させました。

そのことは、2011年の政府の避難政策に如実に表れています。福島原発事故直後、政府の避難指示は後手にまわりました。

3月11日14時46分に発生した東北地方太平洋沖地震で原発事故が起き、同日20時50分に1号機の半径2㎞の住民1864人に避難指示が出されました。その後、21時23分には、菅直人内閣総理大臣(当時)が1号機の半径3㎞以内の住民に避難命令を出したほか、半径3㎞から10㎞圏内の住民に対しては「屋内退避」を指示しました。翌12日、1号炉で水素ガス爆発が発生。同日の18時25分、20km圏内の住民に対して避難指示が出されました。3月15日には20～30km圏内に屋内退避指示が出されました。

同日、放射性物質を大量に含んだ放射性雲(プルーム)が飯舘村や伊達市、福島市、郡山市の上空を通過しました。放射性物質を含んだ雨や雪が降り、各地の放射線量はこれにより急上昇しました。原発から60km離れた福島市ではこの日の夕方、最大で毎時24マイクロシーベルトが観測されました。これは、福島原発事故後に新設された原子力規制委員会が策定した「原子力災害対策指針」で、「一週間内に一時移転を実施」とされるレベル(OIL2)をはるかに上回るレベルです。

にもかかわらず、福島市、伊達市、二本松市、郡山市といった福島県中通り地域に避難指示が出されることは、ついにありませんでした。

政府の避難指示の拡大は、3月15日にピタリと止まりました。飯舘村などで高い線量が観測されていることは報道されていたので、国民はやきもきしながら状況を見守っていました。一方、アメリカ政府は3月16日時点で80km圏内に退避勧告を出し、日本政府の消極的な避難指示とは好対照をみせました。

飯舘村や中通りの汚染の実態が徐々に明らかになりつつありました。放射性物質の拡散の実態を踏まえずに同心円状に設定された避難区域、しかもたったの半径20kmという狭さでは現実に見合っていないという声が高まってきましたが、政府はこれに応えようとはしませんでした。

3月下旬から4月上旬には、福島市の父母たちが線量計を使って学校の測定を行ない、大半の学校が放射線管理区域以上の値(毎時0・6マイクロシーベルト以上)を示していることが明らかになりました。

市民たちは、始業式を遅らせることを要求しましたが、これは聞き入れられずに始業式が強行されます。その後、学校の利用目安として年20ミリシーベルトが文部科学省から各教育委員会に通知され、社会的に大きな問題となりました(第2章参照)。

4月22日、ようやく政府は、20㎞圏内を警戒区域に、おおよそ30㎞圏内を緊急時避難準備区域に、飯舘村、川俣町の一部、南相馬市の一部、葛尾村などを計画的避難区域に指定しました(図1)。このときも、避難指示は年20ミリシーベルトを基準に設定されたのです。

無視された住民の声

中通りの福島市・伊達市・二本松市・郡山市では、避難区域と同等、またはより高い放射線量が観測される地域もありました。しかし、これらの地域は、伊達市小国地区の一部世帯を除いては、政府による避難指示や勧奨などは一切行なわれませんでした。

事故後3カ月以上たった6月30日の段階で、政府は、伊達市小国地区など113世帯を「特定避難勧奨地点」に指定しました。「特定避難勧奨地点」は、地域指定ではなく世帯ごとの指定で、また「避難指示」ではなく、あくまで「避難勧奨」であり、避難するか否かは世帯の判断にまかされるというものでした。その後、7月21日には南相馬市原町区など59世帯、8月3日には、南相馬市で追加72世帯、11月25日には、伊達市で追加15世帯が指定されました。

図1　政府指示の避難区域／特定避難勧奨地点（2011年6月）

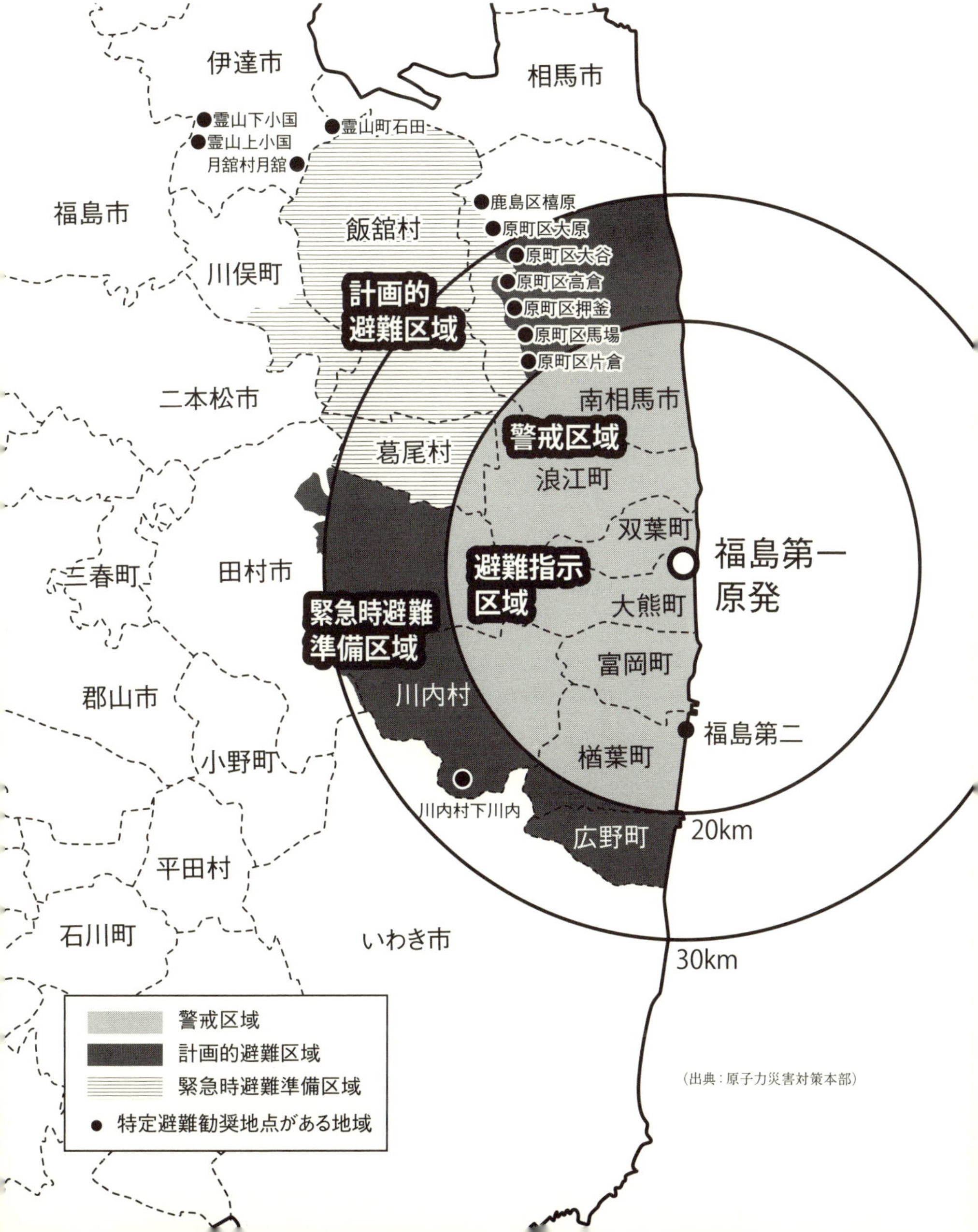

（出典：原子力災害対策本部）

伊達市の小国地区では、世帯ごと指定による分断を懸念する住民たちが、署名を集め、経済産業省に直談判を行ない、地域指定を求めましたが、これらの声は無視されました。

一方で、福島市の渡利地区や大波地区では、国や市の計測でも2011年6月の段階で毎時3マイクロシーベルトを超える地域が広がっていました。同年7月に除染モデル事業が行なわれましたが、効果は限定的でした。それにも関わらず、国は、国が設定した毎時3・1マイクロシーベルトという基準を下回っていることから特定避難勧奨地点に指定しないことを一方的に住民に説明し、除染で対応するとしました。これに対して多くの住民は反発。実際には線量が高いこと、被ばくのリスクを避けたいこと、除染には限界があることなどを挙げ、避難勧奨の地域指定を求めましたが、ここでも住民の声は聞きいれられませんでした。

何が問題だったのか?

避難区域指定の問題点は以下のようにまとめられます。

・**基準が高すぎる：**年間20ミリシーベルト、指定時期によって毎時3・0〜3・2マイクロシーベルトを基準としましたが、これは例えば、放射線管理区域に指定される基準である3カ月1・3ミリシーベルト(毎時換算0・6マイクロシーベルト)と比しても非常に高い値です。

・**社会的な合意なし：**事故直後の緊急事態には社会的な合意を形成することは難しくても、その後、数カ月の単位でみれば、避難基準の設定、低線量被ばくの影響や被ばく防護に関する社会的な議論を行なうことが必要でした。それにもかかわらず、政府が一方的に基準を決めてしまいました。

・**一方的な指定**：指定に当たって住民たちの意見が反映されませんでした。

・**「選択的避難」区域はなし**：義務的な避難区域設定がほとんどであり、「チェルノブイリ法」のように、住民が居住し続けるか避難するかを選択する区域（「避難の権利ゾーン」）がありませんでした（16ページ参照）。

・**遅すぎた指定**：飯舘村・伊達市小国地区など、もっとも線量が高い時期に住民が避難できずに、無用な被ばくを強いられました。

・**狭すぎた指定**：福島市・郡山市では、線量が高かったのにもかかわらず、まったく指定されませんでした。

・**考慮されなかった土壌汚染レベル**：測定時の状況により、変わりやすい空間線量のみを採用。それも玄関前と庭先の2カ所のみを対象とし、土壌汚染レベルは考慮されませんでした。

チェルノブイリ原発事故から5年後に制定されたチェルノブイリ法は、年間推定被ばく量1ミリシーベルト以上の地域を「避難の権利ゾーン」に、5ミリシーベルト以上の地域を「避難の義務ゾーン」に指定しました。実際の運用としては、土壌汚染のレベルを採用しました（表2）。また、0.5ミリシーベルト以上の地域も「放射線の定期的監視地域」として支援しました。

チェルノブイリ法では、居住を続けるか、避難するかについての自己決定権についても記述されています。

表2　ベラルーシ、ロシア、ウクライナにおける汚染地域の区分

セシウム137 汚染濃度 (ベクレル/㎡)	ベラルーシ	ロシア	ウクライナ	年間推定被ばく量 (ミリシーベルト)※
国土に対する全汚染地面積の%	23%	1.5%	7-10%	
30km圏内	居住禁止地域	居住禁止地域	居住禁止地域	
1,480,000以上	優先的移住地域	退去対象地域（強制）	義務的移住地域	
555,000~1,480,000	第二の移住地域	退去対象地域（自由意思）	義務的移住地域	5以上
185,000~555,000	移住の権利を持つ地域	移住権付居住地域	移住が保証されている地域	1以上
37,000~185,000	定期的監視地域	社会経済的特典を受けられる地域	放射線高度監視地域	0.5以上

出典：UNDP, UNICEF, The Human Consequences of the Chernobyl Nuclear Accident – A Strategy for Recovery: 2002, p.36 および吉田由布子氏講演資料より作成

※年間推定被ばく量は、自然放射線以外のチェルノブイリ事故由来の値を指す。
※ベラルーシとウクライナは2001年、ロシアは1992年の決定基準。　※被ばく量は『ウクライナ・ナショナルレポート』2011年。

避難を選択したばあい、国家は住民が失った財産（家屋、郊外の家屋、ガレージ、生活用建造物）に対し、現物で（同様の家屋あるいは建造物の提供）、あるいは金銭による補償を行ない、毎年の健康診断や薬の無償提供、保養機会の提供、休暇、安全な食品の提供などの支援を行ないました。実際の運用にはさまざまな問題があったと言いますが、それでも法律に明記していたことは大きかったと思います。

このような、自らの判断で「避難」を選ぶ人たちへの支援が、日本の避難政策には欠けていたと言わざるをえません。

チェルノブイリ法と日本の避難基準を比較したのが表3です。チェルノブイリ法では、実質的には土壌汚染を指標に使っていたこと、また、いわゆる「避難の権利ゾーン」が設けられていたことが特徴です。

表3 日本とチェルノブイリの比較

	チェルノブイリ法	日本
義務的避難 避難指示	5ミリシーベルト/年以上 土壌中セシウム555,000ベクレル/㎡以上	20ミリシーベルト/年以上
任意避難	1ミリシーベルト/年以上（ゾーンで） 土壌中セシウム185,000ベクレル/㎡以上	20ミリシーベルト/年以上(世帯ごと)
内部被ばくの考慮	あり	なし
土壌汚染の基準	あり	なし

「個人線量計」配布の意味

２０１３年４月、首相官邸サイトの災害対策ページに、「場の線量から人の線量へ」と題した次のような文章が掲載されました。

「特定の『場の線量』に基づく線量評価では、より慎重に、より安全にという考え方のもとに推定が行なわれるので、現実に人が受けている『人の線量』に比べて高い数値として評価される傾向があります。必ずしも『場の線量』を全面的に下げなくとも、人の被ばく線量を抑えることは可能です。生活環境の中の各地点の線量を把握した上で、線量率が高い場所にはなるべく近づかない、といった工夫により線量を低く抑えることができます。」

なお、筆者の酒井一夫氏は、電力中央研究所の出身で、現在は放射線医学総合研究所放射線防護研究センター長という肩書きの持ち主です。

確かに、空間線量であらわされる「場の線量」と実際に人が受ける「人の線量」は違います。今まで放射線防護に用いられてきた「場の線量」(空間線量)は、実際に人が受けている被ばく影響の度合いとされる「実行線量」よりも、安全側に高く表されます。

しかし、現在、政府が進めようとしているのは、「場の線量」を軽視する政策です。除染しても、なかなか空間線量が下がらない。しかし、帰還は進めたい。そこで、帰還する住民には個人線量計を配布し、個人の工夫による「人の線量」低減に頼るというものです。「場の線量から人の線量へ」というキャッチコピーは、そうした意図をもつように思えます。

これは被ばく低減の責任を個人に負わせるものです。個人の行動は千差万別であり、放射線に対する感受性もさまざまです。個人線量計を配布したからといって、被ばくが回避できる保障はありません。「場の線量」を軽視していい理由にはならないのです。

除染の限界から個人被ばく管理へ?

政府が除染の目標として掲げたのは、年1ミリシーベルト、毎時0・23マイクロシーベルト。しかし、これはなかなか達成されませんでした。田村市都路地区の例では、除染が終わっても住宅地では、平均毎時0・32~0・54マイクロシーベルト、農地では、平均毎時0・37~0・76マイクロシーベルトで、大半の地点で目標値まで下げることはできませんでした(表4)。

2013年6月29日の朝日新聞は、田村市都路の住民説明会の様子を伝える記事の中で、除染後も線量が下がらない実態と、政府がその代償のように個人線量計の配布を提案した事実を報じました。

表4 福島県田村市の除染結果

地上高1m測定。単位はマイクロシーベルト／時

	除染前の線量水準と測定地点数	除染前の平均線量	除染後の平均線量（目標値0.23）
宅地	1.0以上 383地点	1.24	0.54
	0.75～1.0 11.7地点	0.86	0.50
	0.5～0.75 2789地点	0.62	0.41
	0.5未満 2179地点	0.42	0.32
農地	1.0以上 93地点	1.14	0.76
	0.75～1.0 565地点	0.86	0.60
	0.5～0.75 1654地点	0.63	0.48
	0.5未満 685地点	0.45	0.37

出典：朝日新聞2013年6月29日付「政府、被曝量の自己管理を提案 「除染完了」説明会で」

目標値まで下がらない線量に対して、住民から「目標値まで国が除染すると言っていた」として再除染の要望が相次いだのですが、政府側は「0・23マイクロシーベルトと、実際に個人が生活して浴びる線量は結びつけるべきではない」としたうえで「新型の線量計を希望者に渡すので自分で確認してほしい」と述べたというのです。

除染によって線量を下げることには限界があることは事実です。多くの専門家や市民団体は、事故後の早い段階からそれを指摘してきました。これに対して政府はむしろ除染に固執し、それによって線量が下がるから大丈夫だという主張に立ち、避難を最小限にする政策を進めてきました。ところが今、除染の限界が明らかになってくると、今度は被ばく管理の責任を個人に負わせる政策を打ち出してきたわけです。

もちろん、個人による被ばく線量の監視も重要ですが、まずは避難・帰還の線量基準が先です。個人線量計の配布が、避難をさせない、あるいは帰還を急がせるということにつながるべきではあ

すでに「緊急時避難準備区域」の指定が解除され、賠償も打ち切られた田村市都路地区 30㎞圏。田畑には袋につめられた除染土が並ぶ。

りません。

避難支援の打ち切りと早期帰還促進

２０１３年３月、政府は「早期帰還定住プラン」を公表しました。避難指示解除を待つことなく、早期帰還を進めるため、インフラの早期復旧や「安全・安心に向けた取り組み（健康不安の払しょくを目的とした住民への「情報提供」を含む）」など、各種の施策をまとめました。

同年12月には、「福島復興加速化指針」を公表し、「早期帰還支援と新生活の両面からの福島支援を進める」としています。

この中で政府は、「早期帰還のための賠償」を打ち出しています。報道によれば、一人あたり90万円で調整中とのことです。この賠償は、避難指示解除後、数カ月～1年の間に実際に帰還した住民のみを対象としたもので、避難指示がすでに解除された旧緊急時避難準備区域は対象外ということになっています。「新生活の支援」については、帰還困難区域を対象としたものであり、限定的です。

このように帰還する住民への賠償を検討する一方で、避難指示区域外の避難者への支援はなおざりにされてきています。

例えば、災害救助法に基づく住宅の借り上げ制度（みなし仮設住宅制度）の新規受付は、多くの被災当事者や市民が反対する中、２０１２年に打ち切られ、新規避難者は使えなくなってしまいました。

この住宅の借り上げ制度は、避難先の都道府県が各種の住宅を借り上げ、避難者に提供するもので、その費用は最終的には大部分を国が、一部を避難元自治体が負担するものです（負担割合は、ケース・バイ・ケースですが、福島県からの避難者のばあい、国と福島県の負担割合は、ほぼ9対1です）。現在これを利用している人には２０１５年3月までという期限が付けられています。多くの避難者は、「人生設計ができない」「長期延長を保障してほしい」と要望していますが、それは認められませんでした。

そして前述の通り、賠償についても、特定避難勧奨地点のばあいは解除から3カ月、政府指示の避難区域の場合は、解除から1年で打ち切られてしまいます。

「原発事故子ども・被災者支援法」でも実らなかった避難者への支援

借り上げ住宅（みなし仮設）制度は、災害救助法に基づく制度です。地震や津波、台風などの自然災害の緊急対応を念頭につくられたもので、長引く原発事故の放射能汚染を想定していなかったため、長期の延長は難しい、というのが、打ち切りについての政府側の説明です。

それならば、原発被災者の居住・避難・帰還をそれぞれ支援していくという「原発事故子ども・被災者支援法」（2012年6月成立、4章参照）の中に、この制度を位置づけ、長期の延長を保障するべきでしょう。

しかし、この点について、多くの避難者が要望したのにもかかわらず、同法の基本方針には、従来の政府説明の通り、「2015年3月まで」「4月以降については、代替的な住宅の確保等の状況を踏まえて適切に対応」としか書きこまれませんでした。

では、「基本方針」にはどのような避難者支援が盛り込まれたのでしょうか。

①民間団体を活用した被災者支援の拡充

福島県外への避難者に対する避難元・避難先に関する情報提供、避難者からの相談対応などの事業をNPO等民間団体を活用して実施するというものです。これについては、やり方次第ですが、一歩前進と評価できます。ただし、NPOなどによる支援は、住宅や就労支援など行政が行なう基本的な支援を補完するものでしかありません。

②支援対象地域に居住していた避難者の公営住宅への入居の円滑化を支援

もともと公営住宅法において入居条件の一つとして定められている「住宅困難者」要件を避難者にも適用するものです。はたして、どれだけの公営住宅が利用可能なのかは不明です。

③就労支援の拡充

「合同面談会等を実施」「マザーズハローワークの充実や民間事業者の活用による長期失業者に対する支援の拡充」にとどまっています。

基本方針に盛り込まれた全119施策のうち、新規の内容は14施策とごくわずかで、そのうち支援対象地域での「居住者」や避難指示解除後の「帰還者」向けの支援施策が6件、自主避難者向けは「新規避難者を含めた公営住宅の入居円滑化」など3件のみとしています（毎日新聞2013年10月11日付）

避難を続ける権利を

国連の「健康への権利」特別報告者のアナンド・グローバー氏は、2013年5月27日、国連人権理事会に対する報告書を発表しました。

同氏は2012年11月来日し、福島原発事故後の人権状況を調査するため、政府関係者、自治体関係者、被災当事者、専門家、市民団体関係者と会い、福島を訪問しました。

この調査に基づき、グローバー氏は、福島原発事故後の日本政府がとった施策は十分ではないとし、健康診断の拡大と強化、被災者の政策立案過程への参加、被ばく線量年1ミリシーベルト以下で生活する権利を人びとが有すること、その権利を確保するための賠償・支援を早急に実施することなどを勧告しました。

帰還の問題にも触れ、以下のように述べています。

「健康に対する負の影響の可能性に鑑みて、避難者は可能な限り、年1ミリシーベルトを下回ってから帰還が推奨されるべき。避難者が、帰還するか留まるか自ら判断できるように、政府は賠償および支援を供与し続けるべきである」（報告書の第49段落）

グローバー氏の勧告は、少しも突出したものではなく、被災者の気持ちや実態に即したものです。人は誰しも、被ばくの不安と恐怖から逃れて生きる権利を持っています。その不安と恐怖は決して根拠がないものではありません。低線量の放射線被ばくにより、がんやさまざまな疾病が統計学上も有意に増加したとする研究や論文はたくさんあり、ＩＣＲＰ（国際放射線防護委員会）などの国際的な勧告は公衆の被ばく限度を年間1ミリシーベルトとしています。国内の放射線防護や原発規制の法令もそれを踏まえています。ところが3・11後、このことは無視されてきました。

日本政府も、100ミリシーベルト以下であれば健康への影響は「他の要因に埋もれてしまう」と言っているだけであり、影響が「ない」とは言っていません。そうした状況で、自分や自分の家族を守るために避難した人たちが、意にそわない帰還を迫られるようなことはあってはならないでしょう。

低線量被ばくの健康影響

しきい値なし直線（LNT）モデル

原発を運転すると、事故がなくても必ず放射線が出ます。原発を持つ国の政府は、この放射線から公衆を防護しなければなりません。各国が放射線防護の基準を決める場合に参考にしているのが、国際放射線防護委員会（ICRP）の勧告です。この勧告は、放射線が安全なのは「ゼロの時だけ」であり、放射線の危険性は線量に比例して直線的に増加すると考える、いわゆる「しきい値なし直線（LNT）モデル」を採用しています（26ページ・図）。ICRPをはじめ、国際的にはこの「放射線にはここまでは安全という量はない」という考え方が共通認識になっています。この考え方は、主に広島・長崎の原爆被爆者の生涯追跡調査の結果をはじめとする、多くの疫学調査や動物実験、基礎実験の結果から導かれたものです。

しかし、日本では、福島原発事故以降、低線量放射線のリスクはわからない、あるいは無いのだという主張が声高に叫ばれるようになりました。福島原発事故の9カ月後、文部科学省は全国の小中高校に放射線副読本を配布しましたが、その副読本の教師用指導要綱には、「100ミリシーベルト以下の低線量放射線と病気の関係は明らかではない」ことを生徒に理解させるようにとあります。

一方で、副読本を発行した目的として「放射線のことを理解し、自ら判断する力をつける」ことが掲げられているにもかかわらず、福島原発事故について一切触れない内容になっています。これは生徒をミスリードするものです。文部科学省は、放射線と健康の関係についてこれまで積み重ねられた膨大な量の研究成果を反故にして、「わからない」ことにしています。なぜなのでしょうか？

国会事故調で明らかになったこと

放射線被ばくによって引き起こされる病気はがん、心筋梗塞、免疫系の疾患などをはじめいろいろ報告されています。なかでも線量との関係が最もよく研究されているのはがん（図）です。低線量とは100ミリシーベルト以下の線量ですが、この図か

コラム①

線量当たりの発がんリスク

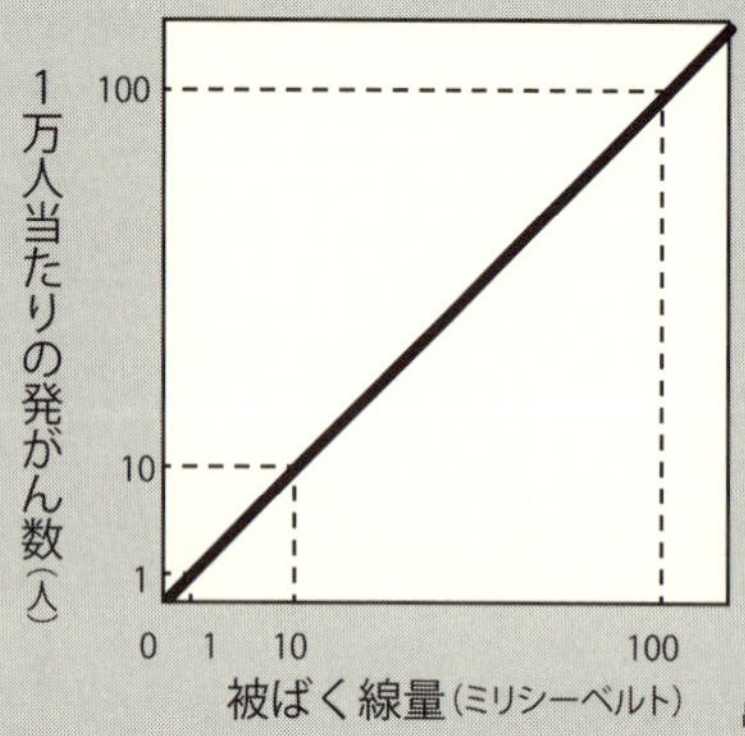

出典：国際放射線防護委員会

らもわかるように100ミリシーベルト以下でも放射線量がゼロにならなければがんもゼロにはなりません。

もし少ない放射線でもがんになる可能性があることを国民が知ると原子力政策を推進するのが困難になります。その上労働者や公衆の被ばく防護のために莫大な予算が必要になります。低線量放射線のリスクは少ない、あるいはわからないことにしておけば、防護基準を緩めることができ、予算もかかりません。電力会社、文科省、経産省など原発推進側の狙いはそこにあるのです。

国会事故調は、全国の電力会社で構成されている電気事業連合会（電事連）や行政の内部資料を調べることができました。それにより、電事連が長年にわたり、ＩＣＲＰの勧告が電力会社に有利になるよう日本のＩＣＲＰ委員を通じて働きかけを行なってきたこと、それが成功していたことが明らかになりました。電事連はＩＣＲＰ委員の国際会議旅費を全て負担してきました。その他に研究の監視も行ない、防護基準を緩くするような研究を奨励していたこともわかっています。このように、副読本が「わからない」とする放射線のリスクは、原子力推進勢力の強力な影響下にある研究者によって、「わからないものにされている」面が大きいのです。福島の避難区域設定の場合でも、年間1ミリシーベルト以上を避難させることにすれば新たに数十万人がその対象者になるでしょう。100ミリシーベルトまでは害がわからないことにしておけば何もしなくてすむのです。（崎山比早子／元放射線医学総合研究所主任研究官）

第2章

放射能の線量基準——1ミリシーベルト基準はどこへ？

阪上武（福島老朽原発を考える会代表）

「1ミリシーベルトの呪縛から解かれよ」キャンペーン

1ミリシーベルト基準が帰還をさまたげている、1ミリシーベルトの呪縛から解かれよ——2013年2月27日付読売新聞社説を皮切りに、自民党や推進派の学者、一部マスコミなどにより、年間1ミリシーベルト基準を攻撃するキャンペーンが続いています。やり玉にあがっているのは除染基準ですが、基準そのものへの批判もあります。

2013年10月21日に、IAEA（国際原子力機関）調査団のファン・カルロス・レンティッホ会長が、除染により年間1ミリシーベルトを実現することの困難を説明すべきだとの助言を出すと、原子力規制委員会の田中俊一委員長が「（1ミリシーベルト目標が）独り歩きしている。原発事故があったばあい、年間20ミリシーベルトまでは許容したほうがいいというのが世界の一般的な考え方だ」と述べたとの報道がありました。しかし、そのような「世界の一般的な考え方」などありません。同年11月5日には、自民党石破茂幹事長も、年間1ミリシーベルトの長期的な目標について、見直しも含めて検討すべきだという考えを示しています。

日本の放射線防護の法体系には、ICRP（国際放射線防護委員会）勧告の考え方が取り入れられています。ICRP勧告は、被ばくの影響にこれ以下なら影響はないという「しきい値」はなく、低線量においても線量に応じて影響があるとする「直線モデル」を前提に、ALARA（被ばくを合理的に達成しうる限りにおいてできるだけ低く抑える）の原則に基づき、一般公衆については、年間1ミリシーベルトの線量限度を設けて放射線防護にあたるとしています。

ICRPは民間の専門家グループですが、UNSCEAR（国連科学委員会）やIAEAなどと同様に、原子力を推進するための機関です。勧告には、原子力の推進に都合のいい中身が含まれており、特に、内部被ばくの評価においては、外部から臓器全体に平均的に被ばくしたばあいと同一視することにより、著しい過小評価があるなどの問題があります。

一般公衆の線量限度は、ICRPの1990年勧告より前は年間5ミリシーベルトでした。90年勧告で年間1ミリシーベルトとされたのは、ICRPがリスク評価の拠りどころとしている広島、長崎の原爆被爆者の調査により、年を経るごとにリスクを高くみなければならないという結果が出たからです。

しかし、政府側は今、この基準を批判し、100ミリシーベルト安全論を唱えながら20ミリシーベルト基準を対置しているのです。よく聞かされるその論拠は、100ミリシーベルト以下では、健康への影響は確認できないほど小さく、国際的合意に照らしても避難や帰還の基準を20ミリシーベルトに定めてもよいというものです。しかしこの認識は以下の点で誤りです。

第一に、１００ミリシーベルト以下でも健康影響は確認されています。また、25ページにも紹介があるように、１００ミリシーベルト以下の低線量領域であっても、「被ばく線量とリスクの関係は線量に応じて直線的である」という直線モデルを否定する論拠はありません。

第二に、政府側の言う国際的合意とは、ＩＣＲＰ、ＵＮＳＣＥＡＲやＩＡＥＡによる見解のことですが、チェルノブイリ事故の評価をめぐり、ウクライナ政府などは現にあらわれている健康被害にもとづき、これを強く批判しています。

事故直後にいきなり登場した「１００ミリシーベルト安全論」

話は事故直後にさかのぼりますが、３・11の事故当時、長崎大学教授であった山下俊一氏は、３月18日にすでに高い線量が観測されていた福島県に入り、同日に県立医大で講演しました。翌19日には県庁に入り、知事たちにレクチャーをし、その日のうちに、同じく長崎大学から来た高村昇教授とともに福島県放射線健康リスク管理アドバイザーに任命されました。この日に行なわれた記者会見の様子は、福島県のホームページに掲載されている要旨で知ることができますが、それによると山下氏は、「現在の1時間当たり20マイクロシーベルトは極めて少ない線量で、1カ月続いたばあいでも、人体に取り込まれる量は約10分の1のため、2ないし1ミリシーベルトですので、健康への影響はなく、この数値で安定ヨウ素剤を今すぐ服用する必要はありません」と述べています。

山下氏はその後も、翌20日にいわき市、21日に福島市で講演を続けます。福島市では、「5とか10とか20マイクロシーベルトのレベルで、外で遊んでも全く問題はありません」と述べていました。21日にはＮＨＫラジオにも出演していますが、そこでも「1時間あたり20マイクロシーベルトという放射線が降り注いだとしても、人体への影響はないんだということ皆さんわからないんですね」「病気あるいは放射線に影響が出る線量が100ミリシーベルト」「今降っている雨には、まったくといっていいほど放射性物質は入っていないと思います」などと語っていました。

毎時20マイクロシーベルトでも影響はないという言い方は、その後、毎時10マイクロシーベルトに訂正されます。毎時10マイクロシーベルトは、年間でおよそ90ミリシーベルトとなります。山下氏は、講演や福島市の市政だよりなどを通じて、100ミリシーベルト以下の被ばくでは健康影響はないこと、放射能を心配するとかえって健康に影響することを強調した上で、毎時10マイクロシーベルト以下であれば、子どもを外に遊ばせても普通に通学させても問題はないと語っていました。

伊達市で行なわれた講演会では、子どもを祖父母に預けると汚染が確認されている土のある場所で土いじりをしてしまうことが心配だと訴える母親に対し、蛇にかまれるリスクを引き合いに出して、それほどリスクは小さいと諭す場面もありました。

ところが、一年後の2012年に刊行された「通販生活」夏号での誌上座談会では、山下氏は「私はずっと初期のころから、1時間あたり1マイクロシーベルト以下であれば本当に心配要りませんよと申し上げています」と語っているのです。

事故直後、こうした「安全」キャンペーンと、安全だと言って欲しい、被ばくのことなどは考えたくないという住民の思いが一致することで、福島では保護者らが被ばくへの不安について口にしにくい状況が生まれていきました。山下氏の講演会で、批判的な質問をする参加者に会場からブーイングが起こるといったこともありました。

学校現場でも同様です。保護者が学校に被ばく低減策をとるように訴えても、そんなことを言うのはあなただけだ、不安を煽ることはやめて欲しいと取り合わないケースも多々ありました。子どもの健康よりもパニック防止や都市部の人口流失防止を優先する行政と、原子力の推進に関わってきた役人や専門家グループの働きかけによって、必要な被ばく低減策が講じられず、保護者らが子どもの健康を案じて不安な日々をすごす状況が続いたのです。

１００ミリシーベルト安全論は、山下氏の個人的な主張ではありません。文科省は２０１１年4月19日の「暫定的目安」で学校の校庭の使用基準を年間20ミリシーベルトとしましたが、その根拠に１００ミリシーベルト安全論を持ち出しています。翌20日に、教師と保護者向けに出した参考資料の中で、年間１００ミリシーベルト以下の線量ではがんのリスクの増加は認められていないこと、放射能を心配しすぎるとかえって不調をきたすことを強調しているのです。

当時、文科省には、放射線医学総合研究所の酒井一夫氏が詰めており、文科省旧科技庁部門の役人に対し助言をしていました。酒井氏については17ページで彼が「場の線量から人の線量へ」と主張していることを紹介しましたが、彼は、低線量被ばくは逆に病気予防や老化防止に有効だという「ホルミシス説」の研究者で、論文も書いています。ＵＮＳＣＥＡＲやＩＣＲＰの委員で、事故後、官邸に設けられた原子力災害専門家グループの一員になりました。

官邸原子力災害専門家グループには、山下俊一氏、高村昇氏、長瀧重信氏など、低線量被ばくの影響を過小評価し、100ミリシーベルト以下では健康影響は見られないと主張する学者たちが含まれています。官邸のホームページには、酒井氏のほかにもこうした人びととの文章が掲載されています。

例えば、長瀧氏の「チェルノブイリ事故との比較」には、以下の記載があります。チェルノブイリでは、「原発内で被ばくした方134名の急性放射線障害が確認され、3週間以内に28名が亡くなっている。その後現在までに19名が亡くなっているが、放射線被ばくとの関係は認められない」、事故後、清掃作業に従事した人については「24万人の被ばく線量は平均100ミリシーベルトで、健康に影響はなかった」、周辺住民については「高線量汚染地の27万人は50ミリシーベルト以上、低線量汚染地の500万人は10〜20ミリシーベルトの被ばく線量と計算されているが、健康には影響は認められない。例外は小児の甲状腺がんで、汚染された牛乳を無制限に飲用した子どもの中で6000人が手術を受け、現在までに15名が亡くなっている」。このように、事故から間もない時期に影響を隠蔽しようとして旧ソ連当局が発表した数値や、山下氏がチェルノブイリで行なった調査で見つけた範囲だけの結果を掲載しています。

長瀧氏に従えば、チェルノブイリにおける放射能の影響による死者は、原発内で作業にあたって急性死した28名と、小児の甲状腺がんによる15名だけということになります。これが現実に全く合わないことは、チェルノブイリ周辺国で、除染作業にあたった労働者や周辺住民に深刻な健康被害が広がっている実態からも明らかです。IAEA（国際原子力機関）、WHO（世界保健機関）、国際がん研究機関でもチェルノブイリ事故の放射線によるがん死者数をそれぞれ、約４０００人、約９０００人、約1万６０００人と発表しています（将来も含む推定値）。数値の違いは対象集団の違いによるものです。全世界を対象にした評価では、がん死者数３万～６万人（キエフ会議報告２００６）というものもあります。

山下氏による調査の前に行なわれ、長瀧氏の師匠にあたる重松逸造氏が団長をつとめたＩＡＥＡの１９９０年の調査では、小児の甲状腺がんの増加はこれまで検査していなかったためだとか、風土病だということにされ、放射能との関係を否定していました。

文科省の「暫定的目安」――学校20ミリシーベルト基準

２０１1年3月末、文科省は福島県から学校再開基準について問い合わせを受けました。対応したのは科学技術・学術政策局という部署でした。同年4月６日から８日にかけて、同局は学校再開の基準について原子力安全委員会に三度にわたって助言を求めました。原子力安全委員会は、一般公衆の被ばくに関する線量限度は年間１ミリシーベルトであると回答しました。文科省としてはもっと高い数値を期待したのでしょう。しかし、何度聞いても同じ回答しかこないので、その後は文科省独自で基準づくりに取りかかります。

4月9日から16日にかけて、文科省と原子力安全委員会事務局との折衝が繰り返し行なわれました。この場で文科省は、年間20ミリシーベルトに相当する目安として毎時３・８マイクロシーベルトを提示しました。10日には、官邸から原子力安全委員会に対して学校基準については文科省と調整するようにとの指示があり、基準値の設定は完全に文科省が主導することになります。

年間20ミリシーベルトは、一般公衆の被ばく限度である年間1ミリシーベルトの20倍、原発労働者など職業人の平均線量限度と同じレベルです。また、毎時3・8マイクロシーベルトは、放射線管理区域の設定基準の6倍を超える非常に高い値です。大人でも高いのに児童生徒ではなおさらです。この基準設定に対しては、日本弁護士連合会が会長声明で批判して撤回を求め、ノーベル賞を受賞した核戦争防止国際医師会議（IPPNW）も高木義明文科大臣宛書簡で厳しく批判しました。日本医師会も懸念を表明しました。

しかも文科省は、当初福島県が求めていた学校の再開基準ではなく、「校庭使用の目安値」にすり替えました。この値を超えても、1日1時間の使用制限をかけるだけというものです。これは児童生徒の被ばく低減よりも避難区域及び屋内退避区域を除く全校の再開を優先したものでした。

折衝では、原子力安全委員会側から、内部被ばくが不明であることから、内部被ばくと外部被ばくとを同等に見積もるべきであるとの見解が示され、一時は、毎時3・8マイクロシーベルトの半分の毎時1・9マイクロシーベルト以上の学校について、児童生徒の被ばく低減措置をとることが検討されました。また、放射線計測には誤差があることから、毎時3・8マイクロシーベルトではなく、毎時3・0マイクロシーベルトを基準にすることも検討されました。原子力安全委員会の委員の中には、子どもは年間10ミリシーベルト程度に抑えるのが望ましいとの見解を示す人もいました。しかし、最終的に文科省はこれらを一切採用せず、4月19日に、校庭使用の目安値を毎時3・8マイクロシーベルトとし、それ以下では校庭使用の制限をなしとする「暫定的目安」を定め、福島県に通知しました。

ＩＣＲＰ勧告から数値だけを採用

文科省は、20ミリシーベルトという数値をＩＣＲＰ勧告から採用しました。しかし、数値を便宜的に使っただけで、ＩＣＲＰ勧告の考え方には従いませんでした。

ＩＣＲＰは、２００７年勧告の中で事故直後の非常事態が収束した後でも、線量が高い状況が続き、長期的な被ばく管理が必要な状況を「現存時被ばく状況」としています。この状況において、被ばくからの防護措置をとるための参考レベルとして、年間1～20ミリシーベルトの下方の線量（1～10ミリシーベルト）を選定することとし、代表値は、年間1ミリシーベルトであるとしています。特に、子どもが大人に比べても放射線の感受性が高いことを考慮すれば、上限値ではなく、下方の中でもできるだけ低い値にすべきでした。また、参考レベル未満のばあいでも、年間1ミリシーベルトを目標とし、休校・疎開、校庭の使用制限、除染など、具体的な防護措置をとるべきでした。

原子力安全委員会側は、文科省との折衝の過程で、ＩＣＲＰの「現存時被ばく状況」と「参考レベル」の考え方について繰り返し説明したといいます。しかし、文科省側は、年間20ミリシーベルト未満のばあいに被ばく低減のための具体的な措置をとることを拒みました。

文科省は「暫定的目安」発出後も、「緊急時が20ミリシーベルトから１００ミリシーベルトであります。そして非常事態収束後の値が1から20ミリシーベルトで、まさにその接合点と言いますか、そのステージにあるという理解」（鈴木寛文科副大臣記者会見）、「ＩＣＲＰが一般公衆に適用可能としている線量限度の上限である年間100ミリシーベルトを十分に下回っておる」(高木文部科学大臣記者会見)などと述べ、「現存時被ばく状況」ではなく、事故直後の「緊急時被ばく状況」についての、ICRPの全く別の勧告にある数値を持ち出し、的外れな、誤った説明をしていました。「暫定的目安」には、年間20ミリシーベルトを下回るばあいの被ばく低減策は盛り込まれませんでした。また、目標値である年間1ミリシーベルトを目指す旨の記載もありませんでした。年間20ミリシーベルトは、形式上は線量低減のための「暫定的目安」ですが、現実には、それ未満では特別な措置はいらないとする「安全基準」として通知され、一部学校では実際にそのように機能することにより、児童生徒が余分な被ばくを強いられることになりました。

内部被ばくも一切考慮されませんでした。文科省は、土埃(ダスト)の吸い込みによる被ばくは外部被ばくの2%程度であるとの解析結果を根拠に、内部被ばくを考慮する必要はないとの立場でした。一方、原子力安全委員会は考慮する必要があるとの立場で、解析だけではなく、ダストサンプリングの計測を行なうよう求めていました。ダストの吸い込み以外にも、初期の放射能雲(プルーム)の影響や学校給食を含む食物からの取り込みなどの影響が考えられますが、それらも一切考慮されませんでした。

また、ICRP勧告が要求する「検討プロセスの透明性」も確保されず、関係者と十分な協議も行なわれませんでした。また、一番の当事者である福島県内の保護者の意見を聞くこともありませんでした。検討プロセスは全く不透明でした。

原発事故があっても原子力の推進を止めたくない者たちの利害に沿って、チェルノブイリ事故の影響を過小評価し、事故時の基準(一般公衆も原発作業員についても)を緩めて参考レベルが定められたのです。

人の居住が許される「現存時被ばく状況」は、最大で年間20ミリシーベルトですが、チェルノブイリ事故を受けて制定されたチェルノブイリ法では、最大で年間5ミリシーベルトと定められています。1990年当時、ソ連国内では原発の作業にあたった労働者(リクビダートル)を中心にした大きな運動が起きていました。これが、基準の大幅な緩和を許さなかったのです。

事故後25年経って見えてきたチェルノブイリ事故の深刻な健康影響についてウクライナ政府がまとめた報告書には見向きもせず、ICRP勧告も数字だけを都合よく借用しているのです。一方で古くからのICRPの委員をつとめた学者は追いやられました。子どもに20ミリシーベルトは高すぎると批判した小佐古敏三参与の涙の辞任劇はその象徴でした。

学校20ミリシーベルト基準の策定を主導した文科省の科学技術・学術政策局とは、かつての科学技術庁です。高速増殖炉「もんじゅ」や東海村にある再処理工場を監督し、核燃料サイクル事業を推進してきました。このような部署が、不幸にも学校教育を担う文科省の中にあったことが、高すぎる基準を生んだ一つの要因だと考えられます。

基準撤回を勝ちとった文科省前での交渉

「暫定的目安」は、福島県教育委員会から各学校に説明されました。文科省は保護者に対する説明会も複数回開催しました。ある町の教育委員会は2011年4月20日付で保護者宛の文書を出しました。そこには、「町内の教育施設では、国や県から、校庭等における教育活動の安全基準が出されるまで、屋外活動を控えてまいりました」「町内保育所、幼稚園、小・中学校は、『特段の制約なし』ということですので、園庭(庭)での活動や校庭での体育の授業、部活動等を行なうことにします」とあります。

また、いくつかの高校では、体育及び部活動の再開に際し、保護者から承諾書をとっていました。4月26日付で県内のある高等学校が保護者宛に出した承諾依頼の文書には、「本校校庭の測定結果は、地上1メートルで3・10マイクロシーベルト、地上1センチで3・60マイクロシーベルトでした」「県教育委員会が通知した基準に基づき、校庭等の活動については、活動制限なしとしました」とあります。福島県教育委員会は、「暫定的目安」を「基準」であり、3・8マイクロシーベルト未満を「活動制限なし」と説明していたのです。制限を解かなければ余分な被ばくは避けられたはずです。

福島県内では、郡山市や本宮市、西郷村などのように、校庭使用制限の解除を行なわずに1日3時間まで、あるいは4時間までといった時間制限を継続した学校も多くありました。これは「3時間ルール」などと呼ばれました。翌12年2月の時点でも、校庭の使用制限は福島県内の約4割の学校で実施されていました。

4月下旬には、政府の対応にしびれを切らした郡山市や二本松市が、独自に学校の校庭の除染(表土のはぎ取り)に踏み切りました。しかし文科省は、政府交渉などで「基準以下であればその必要はない」との姿勢を示していました。

こうしたなか、学校20ミリシーベルト基準の撤回を求める市民運動が広がってゆきました。

私たちは、事故直後、放射線計測器を福島に送る活動をしました。その一つが福島市の小グループに渡り、学校の校庭を計測しました。福島県による計測でも、放射線管理区域の設定基準に相当する毎時0・6マイクロシーベルトを超える学校が多くあったことから、再開の延期と疎開を求める進言書を県に提出しました。子どもの被ばくを心配しながらも、声を上げにくい状況で孤独を感じていた親たちは、進言書がアップされた福島老朽原発を考える会のブログを通じて繋がりました。ブログにコメントを寄せた親たちに呼びかけた集会には、約250名が参加しました。その場で子どもたちを放射能から守る福島ネットワーク(子ども福島ネット)が結成されました。

2011年5月2日には、参議院議員会館でもっとも大きい講堂に、国会議員と300人近い市民が集まって対政府交渉が行なわれました。このときは、子ども福島ネットのメンバーが「これはあなた方が安全だと言った福島の学校の土です。どうぞ持って帰ってください」と言いながら、袋に入った土を文科省の役人に突きつける場面もありました。土の上に置かれた線量計は、毎時30マイクロシーベルトを指し、警告音が鳴りっぱなしでした。

この日の交渉は驚きの展開になりました。原子力安全委員会が学校20ミリシーベルト基準の批判に回ったのです。このとき文科省側で対応したのは科学技術・学術政策局次長でした。「20ミリシーベルトで安全とした専門家はいない」として子どもへの配慮を求める原子力安全委員会と、その辺はあいまいにしたい文科省の間で見解に矛盾が生じ、文科省が追い詰められる形になりました。

そしてこの交渉から3週間後の5月23日の午後、小雨がときどきぱらつく中、文科省前は異様な熱気に包まれました。福島の親たち約70名が、文科省と直談判するためにやって来たのです。国会議員、支援する市民約650名も文科省前に集いました。前々日の21日に初めて集会がもたれた郡山からも、多くの親たちが駆けつけました。交渉を主催したのは福島老朽原発を考える会(フクロウの会)、国際環境NGO FoE Japan、そして、子ども福島ネットなどでした。親たちの求めることはただ一つ、福島の子どもたちを守ることです。学校20ミリシーベルト基準を撤回し、国が、子どもの被ばくの最小化を具体的に実施していくことでした。福島の親たちはそれを高木文部科学大臣に直接伝えるためにバス2台を連ねてやってきました。しかし高木文部科学大臣をはじめ、副大臣、政務官が交渉の場に姿をあらわすことはありませんでした。

交渉は、机といすを持ち出して、文科省新館入口前のテラスで行なわれました(写真)。文科省側は同じ次長が出席しました。交渉の場には福島からの参加者を含む100名近くが参加。4名の国会議員も駆けつけました。それ以外の人びとは文科省旧館を人間の鎖で取り囲んでアピールを行ないました。

2時間近く行なわれた交渉の場において、文科省は、「年間20ミリシーベルトを安全基準としていない、年間1ミリシーベルトを目指して可能な限り線量を下げていく方針である、今回の措置はあくまで暫定のものであり夏休み後に見直す、モニタリングにより新しい方針を立てる」と語りました。

これに対し、福島の親たちとそれを支える市民は、「『暫定的目安』の通知によって学校側は被ばく低減化の取り組みをやめてしまい現に実害が出ている、私たちをモルモット扱いにしているのか、いま現在も、子どもたちは被ばくしつづけており、夏休み後までは待てない、避難基準と子どもが

ブログで繋がった親たち約250名が集まり、子ども福島ネットを結成した。（2011年5月1日　福島市）

文科省へ基準撤回を求める福島の親たち。（2011年5月23日 東京）

通う学校の基準が同じなのはおかしい、現在の文科省の措置はＩＣＲＰにすら違反している」などと口々に訴えました。そして、20ミリシーベルトを即時撤回すること、1ミリシーベルトを目指すという方針を福島県に通知すること、自治体による被ばく低減措置に国が責任をもって経済的支援も含めて後押しすることの3点を要請しました。

翌24日、高木文部科学大臣は、記者会見の場で、1ミリシーベルトを目指すという方針を明言しました。4日後の27日には通知を出し、学校20ミリシーベルト基準を事実上撤回しました。福島の親たちと市民運動の力が、行政を動かしたのです。

除染の限界

20ミリシーベルト基準を撤回させたとは言っても、現実に年間1ミリシーベルトを大きく超える汚染が広がる福島県の浜通り、中通り地域では、その後、「除染」の問題が焦点化してきます。伊達市の例です。地元市議のはたらきかけによって当初は自主避難者への独自の支援を実施していましたが、その後、政府が「特定避難勧奨地点制度」を打ち出すと、このやり方では地域コミュニティが崩壊してしまうという危機感を抱き、避難から除染へと政策をシフトしていきます。そこに登場したのが、現在は原子力規制委員会の委員長を務める田中俊一氏でした。彼が飯舘村長泥地区で除染試験を行なったのが２０１１年5月19日ごろ。その後、伊達市の富成小学校でボランティアを募って除染を行なったのが7月中旬。同月下旬には伊達市下小国地区の民家三軒の除染実験を行なっています。

除染の動きは民間レベルで早くからありました。「子ども福島ネット」の除染チームは、当時まだ、基準以下だから除染など必要はないとしていた当局を尻目に、高齢者からボランティアを募り、幼稚園などで除染実験を実施しました。福島市内でも線量の高い渡利地区にある私立幼稚園「そらまめ」では、早い段階で自主的なボランティアによる除染を実施しました。園庭の表土除去や屋根の洗浄などを行なったのです。その結果、線量は一時、毎時０・４マイクロシーベルト以下にまで下がりました。ところが、室内の線量は充分に下がらず、また、大雨が降るたびに線量は再び上昇したのです。結局、「そらまめ」は、線量の低い福島市西部地区への移転を余儀なくされました。

表土の入れ替えは一定効果がみられたものの、屋根の材料に入り込んだセシウムは、高圧洗浄でも落とすことはできませんでした。解決には屋根のふき替えが必要ですが、高額な費用がかかります。雨のたびに山からセシウムを含む土が流れ込むという地形的な特徴も災いしました。汚染した土をどこに持っていくのかという大きな問題もあります。結局、除染チームは6月中に解散し、その後は、子どもたちの避難の促進に力を注ぐことになりました。

田中俊一氏は、彼が２０１１年5月に飯舘村長泥地区で行なった除染試験について、同年8月23日の原子力委員会で報告しています。長泥地区は、飯舘村の中でも最も線量の高い地区です。田中氏は区長の家に赴き、表土の除去、高圧洗浄、周囲の山林の一部伐採を行ないました。報告資料によると、屋外で毎時10マイクロシーベルトから最大で１７０マイクロシーベルトあったものが平均して毎時15マイクロシーベルト程度に、屋内は、毎時３・９～８・６マイクロシーベルトだったものが毎時３・１～４・３マイクロシーベルトに「低下した」とあります。毎時３～４マイクロシーベルトの被ばくは、年間で30ミリシーベルト程度に相当しますが、家の中にいてもこれだけ被ばくしてしまう環境に果たして人を住まわせることができるのでしょうか。

田中氏は大量の汚染土を裏庭に積んだまま、汚染土の扱いは東電に聞いてくれと言ったきり、村を去って行きました。その後、長泥地区は、帰還困難地域に指定され、立ち入りが禁じられます。

除染には限界があります。表土の入れ替えは一定の効果がありますが、屋根や道路の高圧洗浄は効果が見込めません。洗浄で流した先に汚染を移すだけだとも言えます。そして、山林そのものの除染は絶望的です。住宅地でも、近くに山林があるばあいや河原近くでは、表土を入れ替えても効果が出ず、また効果が出たとしても徐々に線量が戻ってしまうばあいがあります。汚染土の置き場をどうするのかという問題もあります。

表土の入れ替えも効果があるのは最初の1回だけです。私は、いくつかの自治体の除染担当者と話したのですが、例えば、毎時2マイクロシーベルトの場所で表土を除去すると毎時1マイクロシーベルトにはなるが、もう一度やって0・5に下がるかというともうほとんど下がらない、これが続くと感覚がマヒしてきて毎時1マイクロシーベルトに下がればそれで十分、それが目標値になってしまうということでした。

田中俊一氏が、本当に専門家として科学的・技術的判断を下すのであれば、飯舘村での経験の時点で、除染の限界を明らかにすべきだったでしょう。ところが飯舘村の試験的除染について原子力委員会での説明資料にある結論は、「根気強く適切な努力をすれば、放射能の除去(除染)は可能である」というものでした。その後に行なった伊達市の富成小学校や下小国地区の民家で行なった試験除染も、除染後に毎時1マイクロシーベルトを超える場所が随所にあったり、民家については、玄関先で最大毎時1・3マイクロシーベルト、室内でも最大毎時1・0マイクロシーベルトであったりと、とても除染に成功したとは言えない値が並んでいます。ところがそれでも「すべて避難基準以下を達成」という結論になっています。このような数値がはじめから目標だったのでしょうか。

こうして、振りまかれる除染の幻想、避難政策の失敗と人口流出を恐れる自治体の意向が重なり、異様な除染ブームが発生します。その背景には、大手ゼネコンから地元の小さな工務店までが関係する除染ビジネス、除染利権があります。この除染モデル事業の中核を担っていたのは、田中氏が以前、副理事長を務めていた日本原子力研究開発機構でした。

政府の除染方針は、2011年8月30日に公布され、2012年1月1日に全面施行された「放射性物質汚染対処特措法」により定められました。所管は環境省です。特措法では、除染特別地域と汚染状況重点調査地域が規定されています。強制避難となった警戒区域と計画的避難区域を除染特別地域に指定しています。追加被ばく線量が1ミリシーベルト以上の地域を汚染状況重点調査地域に指定し、指定された市町村が除染実施計画を定めることとしています。2012年2月までに除染特別地域として11市町村、汚染状況重点調査地域として104市町村が指定されましたが、後に4市町村の指定を解除し、指定されている市町村は、100市町村となりました。

当然のことながら、政府による除染もすぐに限界に突きあたりました。年間の追加被ばく線量を1ミリシーベルト以下にするために、毎時0・23マイクロシーベルトを目標に作業がはじまったのですが、除染しても目標値に達しない、線量がすぐに戻ってしまう、2度目以降は効果がない……

などの限界に直面します。２０１３年になると、国はこうした現実を公然と認めざるをえなくなりました。

必要なのは除染の限界を明らかにし、除染は効果が見込める地域に集中した上で、それ以外の地域については、子どもと妊婦を優先して追加避難を促進するような政策でした。しかしその代わりに始まったのは、冒頭に紹介したような怒濤の１ミリシーベルト基準批判キャンペーンでした。

帰還基準が20ミリシーベルトでいいのか？

住民の避難基準は文科省ではなく、原子力災害対策本部の原子力安全・保安院からの職員が決めました。原子力安全委員会には相談もなく年間20ミリシーベルトとし、これが固定化しました。

帰還基準は年間20ミリシーベルトになっています。年間20ミリシーベルトが危ないからと避難したのに、年間20ミリシーベルトで戻れとはどういうことでしょうか。ＩＣＲＰの考え方に従えば、被ばくを低減するために、参考レベルとよばれる目標値を段階的に下げていくことになります。当然、帰還基準は避難基準より低くしなければなりません。低線量被ばくのさまざまな知見に照らしても、年間20ミリシーベルトは基準として高すぎます。避難したのだから、戻るときには事故前と同じ状況、それが無理でもせめて、年間１ミリシーベルトという公衆の被ばく限度を基準とすべきではないでしょうか。子どもや妊婦を抱えた家庭を中心に、年間20ミリシーベルトを下回ったから戻れと言われてもとても戻れないと訴える方が若い世帯を中心に大勢存在します。

帰還基準には賠償の問題も関わってきます。避難指示が解除されたら賠償の打ち切りが問題となります。田中俊一氏は、原子力損害賠償紛争審査会の場で、年間20ミリシーベルトを少しでも下回ったら、1カ月以内に賠償を打ち切るようにと発言しています。一体どこまで東電の肩を持つつもりなのでしょうか。

2011年当時原発担当大臣であった細野豪志氏は、2011年の11~12月にかけて、低線量被ばくのリスク管理に関するワーキンググループを開催しました。低線量被ばくのリスク管理を適切に行なうための知見の評価・整理が目的となっていますが、事実上は避難基準、そして帰還基準として、年間20ミリシーベルトを用いることを正当化するためのものでした。

会議にはゲストとして東大の児玉龍彦氏も呼ばれ、カリウムとセシウムとの体内での挙動の違いや、チェルノブイリ膀胱炎についての臨床例から、内部被ばくは外部被ばくと同列には扱えないこと、小児の甲状腺がんについては疫学調査によってチェルノブイリ原発事故との関係が明らかにされているが、疫学調査の結果が出てからでは対応が遅すぎると訴えました。また、事故直後に職を辞して放射線測定を行なった木村真三氏は、チェルノブイリでは事故から25年経って、癌だけではないさまざまな症状が出ており、8割を超える子どもたちが複数の疾患を抱えていること、学校で体育の授業が成立しない地区があることなど、深刻な事態に至っていることを示すウクライナ政府の報告書を紹介しました。

それに対し、主査の長瀧重信氏をはじめ、ずらりと並ぶ推進派の学者委員たちが、異口同音に、「それは科学的なのか?」「科学的に証明されているのか?」「イエスかノーか?」と声を荒げて詰め寄るという異様な光景が続きました。結局、報告書には、「さまざまな疾患の増加を指摘する現場の医師等からの観察がある」としながら、「ＵＮＳＣＥＡＲやＷＨＯ、ＩＡＥＡ等国際機関における合意として、子どもを含め一般住民では、白血病等他の疾患の増加は科学的に確認されていない」という言い方で、内部被ばくの危険性、低線量被ばくの危険性、遺伝的影響、小児の甲状腺がん以外の疾病が生じる危険性については確認されていないとして、20ミリシーベルト基準を正当化しています。

「科学的に証明されているのか？」とは、疫学的な証明を求めているわけです。しかし、疫学的な証明は膨大なデータを必要とすることが多く、さらに結果を待っていては手遅れであり、臨床例が有意に増えた段階で対応すべきだというのが、チェルノブイリ事故後の小児の甲状腺がん増加状況からの教訓です。事故から25年経って、臨床例が明らかに異常に増えているさまざまな疾病が、セシウムの長期的な影響である可能性は十分にあります。しかし疫学調査の結果が出るのはずっと先でしょう。これを待つというのは、はじめから影響を認めないと決めてかかっているに等しいのです。このような姿勢で、子どもたちの健康を守ることはとてもできません。

公衆の被ばく限度は年間1ミリシーベルトであり、これが法令にも取り入れられています。事故後、突然のように１００ミリシーベルト安全論が出てきて、20ミリシーベルト基準を正当化し、１ミリシーベルト基準を批判しています。こうした動きは、科学的知見にもとづくものではなく、事故があっても原発を進めるためのものでしかありません。

コラム②

「自主的」避難者たちの現状

「自主的」避難の7割は母子避難という現実

私が住んでいる札幌市には現在、登録されているだけで約1500人の避難者がいます。そのうちの約1000人が福島からで、そのうちの約800人が原発事故で避難指示が出されなかった地域からの「自主的」避難者になります。

「自主的」避難の7割は、母子避難です。これは地震や津波による被害、原発による避難指示区域からの避難と大きく異なる特徴になっています。

なぜ、母子避難なのか？「自主的」避難は、避難しなくてもよい、安全だと言われた場所からの避難ということになります。ですので、もちろん補償も賠償もありません（後に一時金が範囲を区切って支払われましたが、到底避難生活にかかる費用を賄えるものではありませんでした）。住宅ローンを抱えて、仕事をなげうって新しい土地で一からやり直すという判断は、そう簡単にできるものではありません。だから、お父さんは福島に残って仕事をし、幼い子どもとお母さんだけが安全と思える場所に避難する。そういう構図が出来たのです。

幸いなことに3・11の時点で福島県に住んでいた事実があれば、自主的避難者であっても家賃の助成が行なわれました（2015年3月まで延長）。ですが、二つかまどの生活は想像以上に家計を圧迫します。それまでの蓄えを切り崩して避難生活を送っている家庭が大半です。

避難先で働けばいいと考えるかもしれませんが、母子避難者のほとんどが小学校入学前の幼い子どもを抱えています。小さい子どもにより強く放射線障害の影響が出ると言われているので当然といえば当然ですが、これが就業への大きなネックになっています。幼子を持つ母親に就職の門戸はたやすく開いてくれません。幼稚園や保育園にあずけたくても、すでに待機児童があふれている。手を貸してくれる両親や親戚も身近にいない状況では仕事を探すことすら困難です。

母子での避難は孤立化が起きやすい

コラム②

母子での避難は孤立化が起きやすいともいえるでしょう。仕事は社会とのつながりです。また、学校や幼稚園に子どもたちが通っていれば、自ずと外に出ざるを得ません。しかし、公園に行っても自分たちが福島からの避難者だとわかったら差別されるかもしれないと思い、ほかの親子に声をかけられなかったという話も聞きました。地縁血縁のない場所への避難、頼れるはずの夫は遠くに離れている。話をするのは幼い我が子だけ……そういう状況で引きこもってしまう事例も数多くあります。

これではいけないと、各地で避難者の受け入れをしている団体が、避難者同士をつなぐ会合やお茶会を開いています。避難者が会を立ち上げ、率先して声を上げていこうと頑張っているところもあります。

札幌は支援団体も多く、避難者の団体もあり、行政の協力も得られているというかなり恵まれた状況にあります。それでも、全ての人に適切なケアが行き届いているかといえば、それは否です。支援の限界を感じる事例も数多く出てきていると言わざるを得ません。

震災から3年が過ぎ、問題はより根深く複雑になっているように感じます。

「自主的」避難者に向けられる目は当初から必ずしも温かいものではありませんでした。福島に残る友人や親族と意見の食い違いに悩む人もたくさんいます。離れて暮らすことで夫婦間に亀裂がはいることもあります。残念ながら離婚に至ったケースも多くあります。

何より私たちが「自主的」避難を選択したまさにその場所で、たくさんの人達が今も普通に生活している事実。避難は正しかったのか。自分は子どもや家族に酷なことをしているのではないか。でも、線量計を見たらやはりそこに放射性物質は存在している。その葛藤の中での3年です。

2013年度末を区切りとして、福島に戻っていく家族も相当数います。みな、安全だと納得して帰るわけじゃない。これ以上家族と離れて暮らすのが限界、お金が続かないなどが理由です。「ホントは帰りたくない」と、泣きながらの電話を受けたことも一度や二度ではありません。

原発事故は、すでにたくさんのものを私たちから奪っています。

バス停で遭遇した私に、「会いに来てくれたお父さんを空港まで見送ってきたところ」だと寂しげに笑った母子の、家路をたどるその後ろ姿を私は忘れることはできません。（宍戸隆子／自主避難者コミュニティ代表）

第3章

「避難」の選択肢を切り捨ててきた「避難政策」

満田夏花（FoE Japan理事）

「避難政策」が避難の選択肢を切り捨ててきた

福島原発事故直後、16万もの人びとが故郷を離れ、避難を強いられました。政府指示の警戒区域、計画的避難区域からの避難者が11万人とされていますので、「自主的避難」を行なっている人が5万人はいるわけです。「自主的」といっても、いつ爆発するかもしれない原発から逃れるため、あるいは、高い線量にさらされ、子どもや家族を守るためにやむにやまれず、故郷を離れたのです。多くの方々が、避難先で、経済的なあるいは心理的な苦難に直面しています。故郷を捨てることに対する罪悪感を抱いている人もいます。

一方で、経済的な事情や、仕事や家族の事情など、さまざまな理由から避難することができずにとどまった人もいます。避難された人びとととどまっている人びととの間での心理的な分断も生じています。

避難した人も、とどまった人も、同じように原発事故の被害者であり、国がその権利を保障しなくてはならないはずです。しかし、実際には、こうした人びとにさまざまな苦難が押し付けられています。その背景には、3・11以降、一貫して行なわれてきた国の避難政策の誤りがあります。3・11以降の避難政策は、一律年20ミリシーベルトの基準のもとに、避難区域を最小限に設定し、それ以外の区域からの避難者には原則賠償を支払わないことにより、「避難という選択肢」を切り捨ててきました。安全キャンペーンや、賠償が保障されないことにより、人びとは「避難という選択肢」を自然と断念せざるをえないようになったのです。政府は、「100ミリシーベルト以下の低線量被ばくでは、放射線による発がんのリスクは他の要因による発がんの影響によって隠れてしまうほど小さく、がんの明らかな増加を証明することは難しい」ことを理由に、住民の被ばくリスクを回避するよりも、「影響はない」という宣伝を優先させました。

以降、政府の避難指示は後手後手にまわりました。2011年3月12日、福島第一原発周辺の住民への避難指示は半径20km、さらに15日には20kmから30kmの間の地域で屋内退避指示が出されましたが、それ以降政府の避難指示の拡大は、ピタリと止まりました。

4月22日、政府はようやく、「事故発生から1年の期間内に積算線量が20ミリシーベルトに達するおそれのある地域の住民等におおむね1カ月をめどに別の場所に計画的に避難を求める」として、飯舘村、川俣町の一部、南相馬市の一部などを「計画的避難区域」に設定しました。

政府は、6月30日には「年間20ミリシーベルトを超えることが推定される地点」を特定避難勧奨地点に指定します。こちらは世帯ごとに指定されるもので、一律に避難を求めるものではなく、「該当する住民に対して注意喚起、避難の支援や促進を行なう」ことにとどまるものでした。

この避難区域を最小限にとどめる政府の避難政策は大きな問題性をはらむものでした。

第一にそれは、年20ミリシーベルトという非常に高い線量を基準としていました。これはＩＣＲＰが国際的に勧告していた一般公衆の被ばく限度の20倍にあたります。また、放射線のマークが付けられ、訓練された職業人しか立ち入ることができない「放射線管理区域」は、年換算5・2ミリシーベルトですので、その約4倍。さらに、原発労働者などががんや白血病になったときの労災認定の基準が年5ミリシーベルト以上ですから、その4倍にあたります。

第二の問題は、警戒区域や計画的避難区域などの避難区域から少しでも外れると、そこからの避難への支援は何もなく、放射線防護措置も実質的にはほとんどとられなかったことでした。

チェルノブイリ原発事故後、5年後に制定されたチェルノブイリ法のばあいは、強制移住区域と居住区域の間に中間的な避難区域として「避難の権利ゾーン」が設定されました。これは年間追加被ばく1〜5ミリシーベルトの地域を対象としたものですが、住民に対し、避難するか、居住し続けるかを選択してもらい、避難者にも、居住者にも必要な支援を双方に実施するというものでした。一方、日本政府の政策は、こうした住民の「被ばくを避ける権利としての避難」という発想をまったく欠いていたのです。

これに対して、2011年4月以降、「ＦｏＥ Ｊａｐａｎ」や「福島老朽原発を考える会（フクロウの会）」など全国の市民運動や福島の人びとは、年20ミリシーベルト基準の見直しを求め、同時に年1ミリシーベルト以上の線量が計測されている広範な地域で、避難する人、とどまる人双方に賠償と行政支援が提供される「選択的避難区域」設定を行なうことを求めて、行政に対して働きかけを強めていきました。

安全宣伝で被ばくを強いられた飯舘村

飯舘村全域と川俣町、南相馬市、川内村の一部を含む地域を「計画的避難区域」に指定することが発表されたのは4月11日、枝野幸男経済産業大臣の記者会見の場においてでした。基準となる線量は、年間20ミリシーベルトでした。半径20kmまでの地域は立ち入り禁止の「警戒区域」、その外側で半径30kmまでの地域は「緊急時避難準備区域」と呼ばれるようになりました。計画的避難区域は、警戒区域と同様に強制的な避難区域でしたが、警戒区域とは異なり、即刻の避難は求められず、避難後も出入りは自由でした。

事故直後、水素爆発の恐怖や高い線量から、飯舘村でも村を離れる人が多く、避難を準備する人も多くいました。そこにやってきたのが、3月19日に福島県放射線リスクアドバイザーに就任した山下俊一氏です(その後、2013年3月まで福島県立医科大学副学長)。4月1日、山下氏は飯舘村で村議会議員、村職員に向けた講演を行なったのです。講演の中で山下氏は、「(飯舘村で)今、20歳以上の人のがんのリスクはゼロです。この会場にいる人たちががんになったばあいは、今回の原発事故に原因があるのではなく、日頃の不摂生だと思って下さい」と語り、安心して暮らすよう説きました。

その1週間前の3月25日には、福島県放射線リスクアドバイザーの高村昇氏も来村し、村民約

600人を前に講演しています。「村民はこれからも安心して村で生活していけるのか」という村民の質問に対して、高村氏は「医学的には、注意事項を守れば健康に害なく村で生活していけます」と答えました(「広報いいたて」より)。

こうして、多くの村民が安心して避難先から帰ってきました。ところが実際には、当時の飯舘村では4月に入っても毎時10マイクロシーベルトを超える線量が観測され、局所的には毎時100マイクロシーベルトを超えるところもありました。全村避難となる「計画的避難区域」に指定される4月22日までの1カ月、村人はそんな状況で暮らしていたのです。

もっと早くに避難指示が出ていれば、あるいは避難の必要性がきちんと説明されていれば、村民は気持ちを一つに避難することができたかもしれません。しかし、安全宣伝のために村民それぞれの判断が振り回されることとなり、複雑な思いを抱えての避難となってしまいました。

地域コミュニティを壊した「特定避難勧奨地点」

原子力災害対策本部が「特定避難勧奨地点」の設定を決めたのは2011年6月16日のことです。これは、「計画的避難区域及び警戒区域の外であって、計画的避難区域とするほどの地域的な広がりが見られない一部の地域で事故発生後1年間の積算線量が20ミリシーベルトを超えると推定される空間線量率が続いている地点」について、これを「特定避難勧奨地点」とし、「そこに住む住民に対して、注意を喚起し、避難を支援、促進する」というものでした。特定避難勧奨地点に指定された世帯には避難か残留を選ぶ権利が与えられ、避難を選ぶばあいには補償が支払われます。

この制度が始まったきっかけは、伊達市の石田地区で年間20ミリシーベルトを超える線量が観測されているにもかかわらず、局所的だという理由で計画的避難区域から外され、政府が何も対応しなかったことから、伊達市が自主避難者に対して独自に資金援助を行なったことでした。この伊達市の対応は政府の避難政策の矛盾をあきらかにするものでした。政府は、計画的避難区域の取りこぼしを世帯ごとに指定する制度を作ることで対応しようとしました。

避難区域の外側の住民が置かれた状況や地域の実情に配慮し、住民の意向を十分に尊重しながら、幅広く指定すれば、特定避難勧奨地点制度が、日本版の「避難の権利ゾーン」に発展する可能性があったと思います。「選択的避難区域」の設定を求めていた私たちもそのように働きかけました。しかし、結果的には、政府も自治体も住民の意向を尊重することなく、次に見るように、かえって弊害をもたらすものになってしまったのです。

6月30日、伊達市内を対象にした特定避難勧奨地点の指定が行なわれました。伊達市側は、指定に際しての国との協議において、コミュニティの分断を避けるために、世帯ごとではなく、小集落(町内会)単位で指定するよう、要請しました。

世帯ごとの指定は、地域コミュニティを分断するおそれがありました。隣同士なのに指定されたりされなかったり、同じ敷地に親子二世帯がそれぞれ世帯を持ったときに、子世帯だけが指定されたりといったことが起きました。

指定を受けた世帯だけに通知を送るというやり方のため、誰が指定されたのかわからないというところもありました。指定された世帯のうち、避難を選んだ世帯だけが賠償や支援を受けることから、避難希望者は後ろめたい気持ちを感じ、まるで逃げるように出て行くばあいもありました。

伊達市では、原子力災害対策本部は、測定値のばらつきを理由に指定基準を毎時3・2マイクロシーベルト（＝年20ミリシーベルト）から毎時3・0マイクロシーベルトに引き下げました。また、指定基準を超えた世帯の近傍で子どもや妊婦がいる世帯は、線量が低くても積極的に指定するなどしました。しかし、小集落単位での指定という伊達市側の要請には応じませんでした。結局、指定は市内4地区、合わせて113世帯に限られました。

7月5日、伊達市小国小学校で住民集会が開かれ、約200名の住民が集まりました。住民たちはその場で、世帯単位の指定ではなく、小国地区全体を避難勧奨「地域」として指定することを求める署名を集めることを決めました。地区住民約1400名のうち、1147名がこれに応じました。同月25日、区民会長、小国小学校PTA会長はじめ、総勢約120名が3台のバスに分乗して経産省を訪ね、原子力災害対策本部へ要請を行ないました。海江田経産大臣にも面会し、要望書を提出しました。しかし、そこまでしても、小国地区全体が避難地域として指定されることはありませんでした(表1)。

避難したくても避難できない福島の状況

「FoE Japan」と「福島老朽原発を考える会」は、2011年から12年にかけて、福島、郡山、東京、京都、福岡、そして札幌で、福島の現状を伝えつつ「避難の権利」を訴える集会を行なってきました。最初に「避難の権利」集会を行なった福島市で、ゲストとして集会に参加した福

表1　特定避難勧奨地点とチェルノブイリ法の移住の権利ゾーンの比較

	特定避難勧奨地点	チェルノブイリ法 移住の権利ゾーン
指定	住居単位	区域
線量基準	年間20ミリシーベルト以上	年間1～5ミリシーベルト
土壌汚染基準	なし	あり
避難（移住）か残留か	選択できる	選択できる
支援・補償	**避難者のみ** 一時金・賠償・住宅・損失補填・被災証明の発行等	**移住者・残留者双方** 住宅・損失財産の補填・医療・療養・健康診断・年金・就労支援・医薬品、非汚染食料の提供

作成：阪上武／福島老朽原発を考える会

田健治弁護士は、次のように語りました。

「人はだれでも安全に、健康で文化的に暮らし、幸福を追求する権利を有しています。これは憲法でも国際規約でも認められています。改めて強調するまでもない普遍的に認められている当然の権利です」

それなのに、なぜことさら「避難の権利」を強調しなければならなかったのでしょうか？　それは前述のような国の避難政策の不合理さや、福島を取り巻く特殊な状況があったからです。

図1はＦｏＥ Ｊａｐａｎと福島老朽原発を考える会が、2011年6～7月に実施したアンケート調査です。

避難を妨げている要因として、「経済的に不安」「仕事上の理由」をあげている人が多いことが見てとれます。同じアンケートの自由回答では、多くの人が、見えない放射能への恐怖とともに、二重生活による経済的な苦境や、避難先での生活に対する不安などを訴えています。

また、避難することがあたかも福島を見捨てることであるかのような罪悪感や、放射能問題への意識のギャップに対する苦悩がうかがえました。すなわち、「被ばくの影響を避けるために避難する」ことが社会的に認知されていないことが、避難を妨げている要因の一つであると言えるのです。

図1　避難を妨げている理由

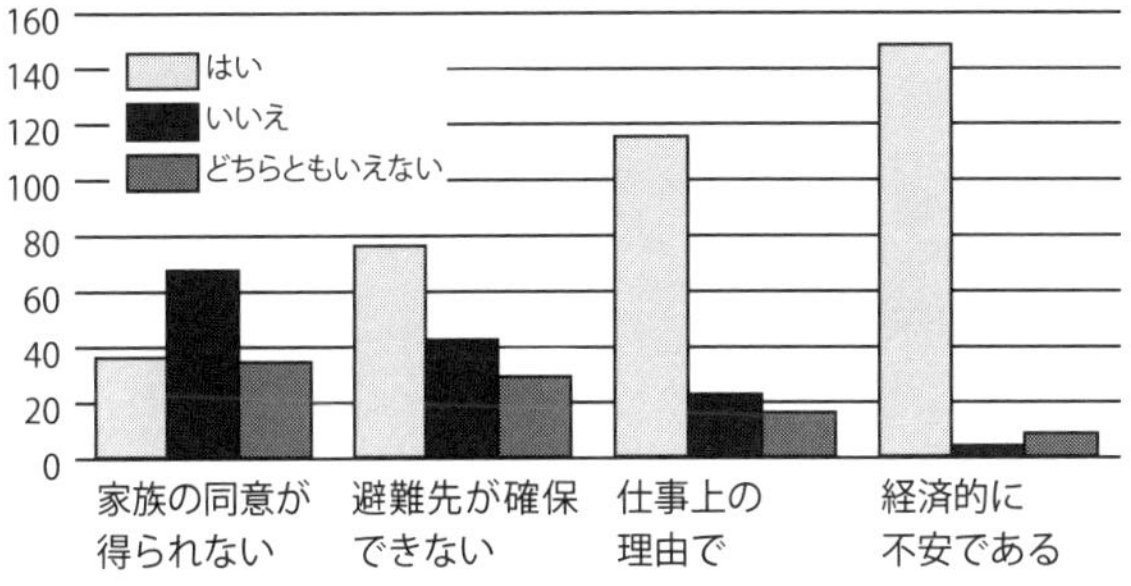

自主避難に関するアンケート結果（2011年7月25日）
国際環境 NGO FoE Japan、フクロウの会実施（回答数：272）

「自主的」避難に賠償を

こうしたなか、避難区域外からの「自主的」避難者に対しても賠償を認めさせることは、避難者だけでなく、避難したくてもできないでいる人たちのためにも非常に重要な問題でした。賠償の範囲と額については、文科省が設置した原子力損害賠償紛争審査会が「指針」を定め、東電がそれに基づいて賠償を実施することになっていました。政府が定めた避難区域からの避難者に対しては、2011年8月5日に決定された中間指針において、以下の項目についての賠償が認められました。

・区域外への避難費用（交通費、家財道具の移動費用、避難後の宿泊費等）
・一時立ち入りの実費（交通費等含む）
・避難・避難生活が原因の傷害・疾病・死亡による逸失利益、治療費、薬代など
・被ばくの有無、またはそれが健康に及ぼす影響を確認する

ための検査費用の実費
・避難生活に伴う精神的損害（一人月額10万円）
・避難区域内で事業を営んでいた人で、事業に支障が出たばあいは減収分と追加費用
・給与などの減収分と追加費用
・区域内の不動産を含む財物の価値喪失・減少分と追加費用（廃棄費用、修理費用、除染費用）
ところが、自主的避難者への賠償については、２０１１年6月の段階で、原子力損害賠償紛争審査会による中間指針の検討項目から削除されてしまいました。ＦｏＥ Ｊａｐａｎや福島老朽原発を考える会は、このままでは、自主的避難者の賠償がまったく認められなくなってしまうという懸念を抱き、避難者の人びととともに、「自主的避難に賠償を」「避難の権利を」をキーワードに、運動を始めました。

原子力損害賠償紛争審査会に対する陳情書、意見書の提出、自主的避難者を対象としたアンケート調査の実施、審査会が開催される文部科学省前でのアピール行動、東京電力へ自主的避難の費用の要請書の提出、集会、政府との交渉、署名運動。考えつくありとあらゆる手段で、自主的避難の問題を、世論に訴え、また政府や審査会の委員に訴え続けました。

私たちは、苦しい状況に置かれている福島の人たちの声を集め、当時、賠償の指針について検討していた原子力損害賠償紛争審査会に届けました。

そこには、「自主的避難」という括り方によって切り捨てられ、当然受けるべき救済から外されている人びとの切実な声がありました。

「線量が高い。家の中で毎時1マイクロシーベルトを超えます。そんな環境に子どもを住まわせていいのかと不安です」

「汚染された土地と家、価値だってゼロなはずなのに、固定資産税の支払い（請求）が当たり前のようにくる」

「郡山の自宅周辺は現在でも外で毎時1・3マイクロシーベルト、屋内でも毎時0・7マイクロシーベルト程度の線量があります。健康被害が心配で、窓も開けられず外遊びもさせられないような状態で暮らしてなんていけるわけがありません」

「なぜこの場所が避難区域外なのかが疑問」

「主人が福島に残り、私と娘が避難します。二重生活は経済的に苦しく大変です」

避難した人、避難したくてもできない人、それぞれに悩み、不安、経済的負担、罪悪感など、さまざまな思いに引き裂かれていることがわかります。

「自主的」避難賠償方針がようやく決定、しかし……

自主的避難の賠償をめぐる議論は、原子力損害賠償紛争審査会において、自主的避難の賠償の基準を決めようとする能見会長と、政府が定めた年間20ミリシーベルトという避難基準がある中で、自主的避難に対して賠償を出すべきではない、あるいは賠償は限定的にすべきという立場の田中俊一委員をはじめとする委員たちの間で、微妙な綱引きが続いていきました。

審査会での議論は、実際の自主的避難者の人たちの実情や声を置き去りにして進められました。

私たちは、「自主的避難をした当事者の方々の声」を聞くよう、政府に強く要請し、2011年9月26日には原子力損害賠償紛争審査会宛に公開レターを出しました。ようやく10月20日、自主的避難者および在留者に対する公聴会が実現しました。

公聴会では、伊達市から札幌市に自主避難をした宍戸隆子さん、「子どもたちを放射能から守る福島ネットワーク」の代表(当時)の中手聖一さんが発言し、避難を決断するに至った経緯や自主的避難者たちの苦境を訴えました。このときは福島市長も公聴会で発言し、居住者と自主的避難者とに同額の賠償を行なうべきだと訴えました。

こうして、2011年12月6日に出された中間指針の「追補」でようやく、自主的避難への賠償が不十分ながらも正式に認められました。被ばくへの恐怖と不安、その危険を回避しようと考えて行なった避難はやむをえないものであるとし、その合理性をはじめて認めたのです。

一方で、この追補は、さまざまな問題点を含んでいました。避難によって生じた実費を全面賠償するのではなく、避難者も居住者も、子ども・妊婦40万円、成人8万円という一律定額の賠償を基本としたのです。なぜこのような少額しか認められないのか、なぜ実費が認められないのか、明確な根拠は示されませんでした。

また、自主的避難等対象区域(県北、県中、相双、いわき地域の23市町村/図2)が設定され、賠償支払いの対象がこの地域に限定されました。しかし、これは線量を基準にしたものではなく、なぜこの地域なのかについても明確な根拠はありません。原子力ムラ出身の委員に気を使い、線量基準を設けず、実費賠償を放棄したところから、賠償の範囲についても額についても、根拠のないものになってしまったのです。

「自主的避難等対象区域」の外にも、空間線量が高い地域は存在します。日本の既存の法令での公衆被ばく限度などを参照しつつ、自主的避難に対して幅広く賠償を認めていくべき、という市民側の主張は実現しませんでした。金額も、実際に避難を余儀なくされた人

図2　自主的避難等対象区域

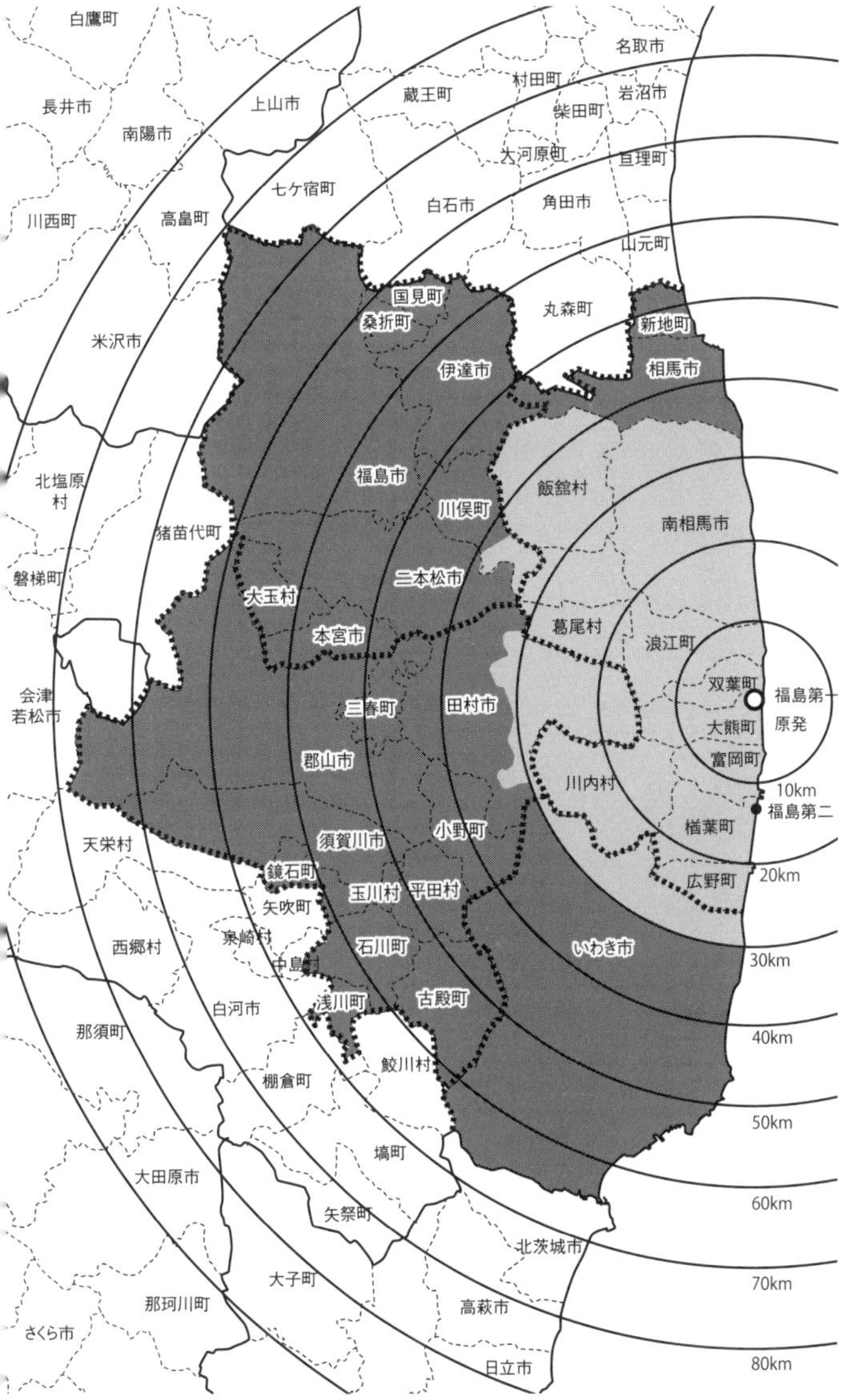

（2011年12月　原子力損害賠償紛争審査会　中間指針追補により決定）

たちの避難費用をカバーするにはあまりに少額であり、経済的な理由で避難できないでいた人たちが避難に踏み切るにはほど遠いものでした。

住民の訴えが拒否された福島市渡利地区

避難区域をできるだけ狭めようという政府の避難政策がもっとも浮き彫りになったのが、福島市渡利地区でした。

福島市は福島第一原発から約60㎞。渡利地区は、その福島市内にあって県庁から1㎞ほどの距離にあります。福島駅の南東を流れる阿武隈川の対岸に広がる住宅街で、川と山林に挟まれた平地に、6700世帯、1万6000人が暮らしています。

政府の調査によって、早い段階からこの渡利地区の汚染が深刻であることは明らかになっていました。2011年6月には、福島市の測定で、平《ひら》ケ《が》森《もり》、大豆塚《おおまめづか》などで、毎時3・2〜3・8マイクロシーベルトを観測しました。7月上旬に文部科学省が実施した自動車サーベイでは、渡利地区に毎時3マイクロシーベルト以上の地域が面的に広がっていることが明らかになりました。

6月30日には、複数の市民団体(子どもたちを放射能から守る福島ネットワーク、福島老朽原発を考える会、FoE Japanなど)によって実施された政府との会合で、市民団体側がこの問題を指摘。「渡利地区を、特定避難勧奨『地域』に即刻指定すべきだ。少なくとも住民に対する説明会を実施すべきだ」と要求しました。しかし、政府はこの要求に対して、「モニタリングを強化する」と回答するにとどまりました。7月19日の会合でも、政府側の回答は同じでした。

7月24日、福島市は小学校の通学路などを市民を動員して除染しました。しかし、結果は芳しいものではありませんでした。市が公表した測定結果によると、線量が低減した所もありましたが、逆に増加した所もあり、除染後も毎時2・0マイクロシーベルト前後の高い値がみられ、除染による空間線量の減少率は、除染直後の福島市の計測ですら、3割弱にとどまりました。

除染がなかなか効果を発揮しないことは、渡利の地理的な特色にも原因があります。後背地に山や丘陵があり、雨が降るたびに放射性物質を含んだ土砂が流れて来るのです。場所によっては、時間がたつにつれ、放射性物質が濃縮されていくことが私たちの調査によっても確認されました。

8月、国はようやく、渡利・小倉《おぐら》寺地区を特定避難勧奨地点に指定するか否かを決めるため、詳細調査を実施しました。しかし、この詳細調査は、一部の地域を対象としただけであり、渡利地区の10分の1ほどの世帯しかカバーしていませんでした。

9月に福島老朽原発を考える会とＦｏＥ Ｊａｐａｎが神戸大学の山内知也教授に依頼した空間線量と土壌汚染の調査の結果、渡利の空間線量が依然として高い水準にあることのみならず、土壌汚染も深刻であることが明らかになりました。最高で30万ベクレル／kg以上、5カ所中4カ所でチェルノブイリではもっとも厳しい規制がしかれた区域に相当したのです(図3、図4)。

このような状況に危機感を感じた渡利の市民たちは、10月5日、国の現地対策本部と福島市に対して、①渡利地区を特定避難勧奨「地域」に指定(世帯ごとの指定ではなく、地区全体を指定)、②子ども・妊婦のいる世帯には厳しい避難基準の適用――などを求める要望書を提出しました。しかし、これに対する返答はありませんでした。

図3　福島市渡利地区での空間線量率　（2011年9月14日測定）

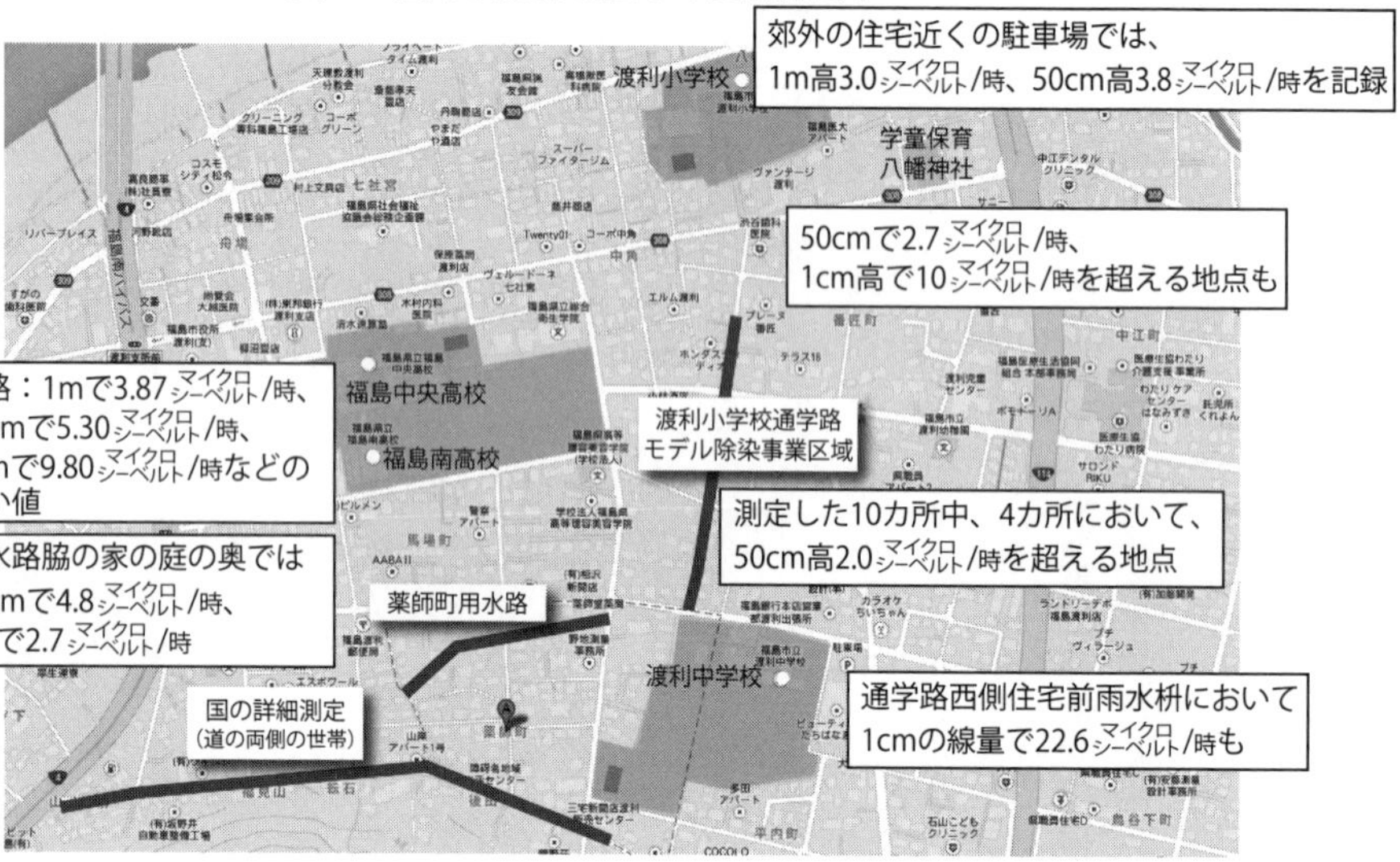

図4　福島市渡利地区での土壌汚染の状況　（2011年6月及び9月測定）

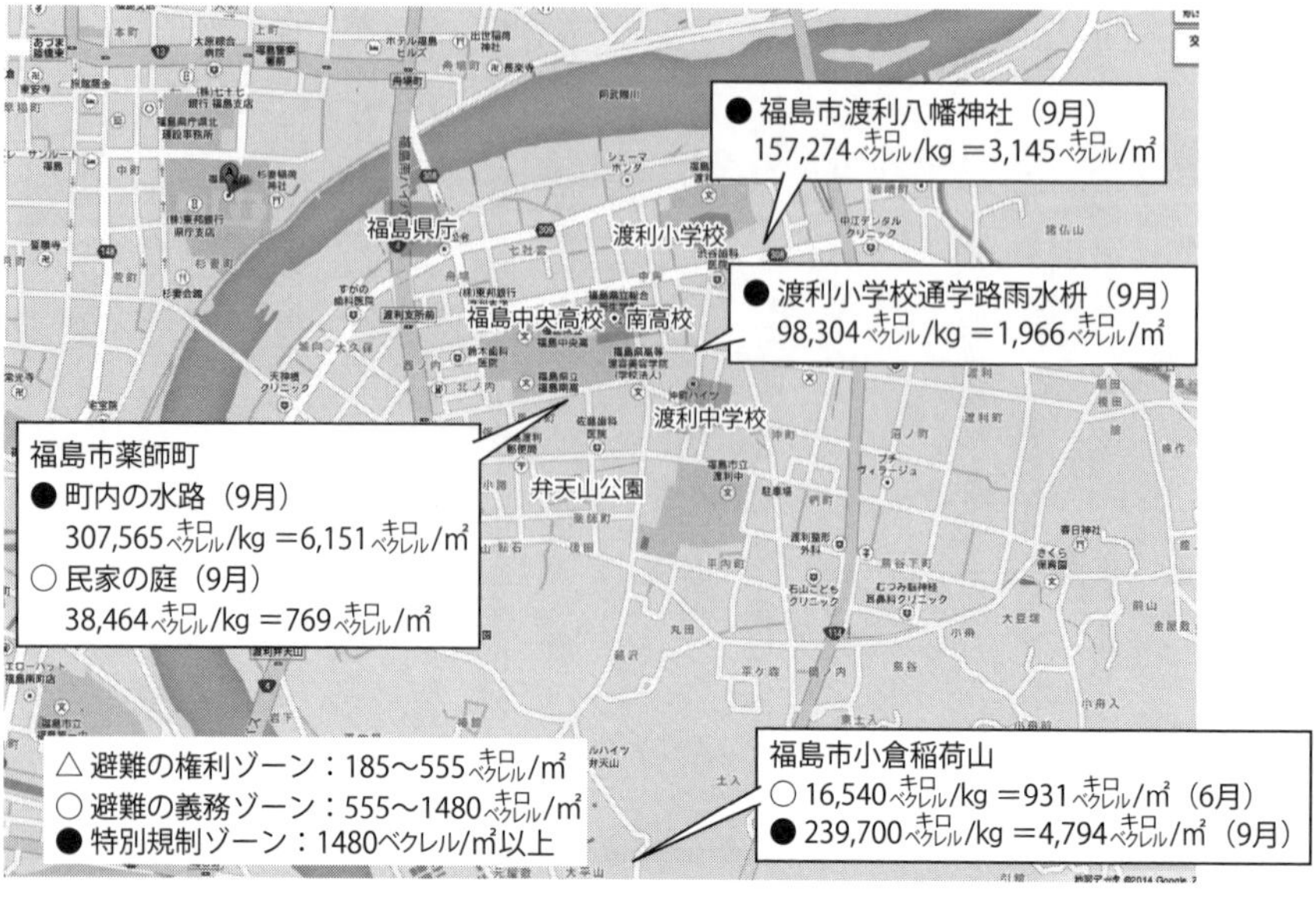

いずれもFoE Jaoanおよび福島老朽原発を考える会が山内知也・神戸大学教授に作成依頼。

その3日後の8日、原発事故から7カ月もたって、ようやく国（現地対策本部）と福島市は、渡利・小倉寺地区を対象とした住民説明会を実施しました。

説明会は夜の7時から始まり、延々5時間も続きました。

説明会の冒頭、国と市は、国が実施した調査の結果を発表し、国が定めた年20ミリシーベルト基準に該当する毎時3マイクロシーベルト※を超える世帯が2世帯あったが、その世帯が避難を希望しなかったため、特定避難勧奨地点指定は見送った、そのほかの世帯は毎時3マイクロシーベルトを下回ったため、特定避難勧奨地点には指定しない、渡利地区において、除染を優先的に実施する、と発言しました。

当然、出席した住民たちからは、怒りや疑問の声が相次ぎました。

「子どもたちは毎日被ばくし続けている。特定避難勧奨地点にしてもらいたい」と訴えるお母さんたち。

「渡利の線量は高い状況が続いている。特定避難勧奨地点に指定しないということは納得できない」とある町会長さん。

ある若者はこう述べました。

「（福島市の職員に対して）私たちが、避難区域に設定してくれとか、子どもや妊婦の基準をつくってくれと、ここでこのように訴えていることについて、国に言ってください」

これに対して市の担当者が、国が決めることで市は対応できないと答えると、若者はさらに言いました。「それでも、言ってください。あなた方は、私たちの代表でしょう。私たちの思いをしっかりと伝えてください」。会場からは拍手が沸き起こりました。

住民たちの訴えは、全世帯の詳細な調査、子どもや妊婦のいる世帯への配慮、除染がおわり、線量が下がるまでの間、子どもたちを一時的に避難させること――などでした。しかし、福島市も国も、具体的に答えることはしませんでした。

所詮、この説明会は、国・市の決定を言い渡すだけの一方通行の「説明会」であり、多くの住民がどんなに道理がある発言をしても無駄だったのです。

その後、10月28日、渡利の住民たち約10名、渡利住民を支援する３００人もの人たちが参加して、参議院議員会館で国の原子力災害対策本部や文科省、原子力安全委員会と直接交渉が行なわれました。

住民側は、国が行なう測定が一部だけだったこと、地区の汚染レベルが高いこと、除染がなかなかはじまらないこと、避難勧奨指定に矛盾があることなどを指摘し、南相馬や伊達の子ども・妊婦基準がなぜ福島市で適用されないのかと問い、次の4点を申し入れました。

①詳細調査のやり直し、②南相馬市と同様の子ども・妊婦基準を福島市にも適用すること、③除染をして十分な効果が確認されるまで、子ども・妊婦が避難できるよう予算措置を行なうこと、④渡利で再度説明会を行なうこと。

しかし、訴えに訴えて、住民側が引き出したのは、「誠意をもって検討する」という政府の言葉だけでした。結局のところ、政府は住民の要求に応えることはありませんでした。

※政府は、２０１１年における「年20ミリシーベルト」に該当する毎時のマイクロシーベルト値につ

いて、室内16時間、野外8時間で、通年で結果的に積算線量20ミリシーベルトとなるような換算式を設定しました。4月時点では3・8マイクロシーベルトとし、6月時点では3・2マイクロシーベルト、このときは3マイクロシーベルトとされました。

「避難は経済を縮小させる」という論理

避難区域設定を求める渡利の住民たちや私たち市民団体の動きと、それに耳を貸さなかった行政との構図は、福島で起こった問題の縮図ともいえるものでした。

渡利の住民と支援する人たちが300人参加して、参議院議員会館で国の原子力災害対策本部や文科省、原子力安全委員会と直接交渉が行なわれました

福島市の渡利や大波などの線量の高い地域が避難区域に設定されなかった理由はいくつか考えられます。

一つは、「避難」ではなく「除染」という二者択一の発想です。福島市は、風評被害や経済に与える影響をおそれ、「避難」区域設定は求めない、という立場でした。例えば、9月3日に渡利に隣接する大波で実施された住民に対する説明会で、市の担当者は冒頭、「避難と除染という選択肢があるが、避難は経済を縮小させます。市としては、みなさんの協力を得て、除染を進めていきたい」と述べました。大波は渡利かそれ以上に放射能汚染が深刻であり、この福島市の対応には住民の反発も強かったのですが、押し切られてしまいました。
「避難」より「除染」という行政の姿勢には、「避難」と「除染」を二者択一と捉えています。しかし、当時すでに明らかになっていたように「除染」がすぐに進むわけでもなく、「除染」している間にも、住民たちは被ばくし続けてしまいます。「除染」するから「避難」しなくてよいということにはなりません。

もう一つは、イメージダウンを恐れ、議論を避けたということ。福島市は県庁所在地であり、避難区域に設定されることで福島県全体の「イメージダウン」につながることを行政当局が恐れたことが挙げられます。風評被害を恐れる産業関係者なども避難区域設定には消極的でした。

避難区域設定されたばあいの地価の値下がりや営業損益などの損害に対しては、賠償が支払われることになっていました。しかし実際の損得以前に、避難区域設定に対して「なんとなくマイナスだ」という感覚が先に立ってしまったのではないでしょうか。

このような曖昧な理由で、避難に関する議論がしっかりと行なわれなかったことは残念でなりません。そのために高い放射線量と土壌汚染の中で多くの住民たちが暮らし続けざるをえない現状があるのです。

非人道的な指定解除

第1章でも触れたように、政府は2012年以降、避難区域を再編し、住民の帰還を促しています。政府の帰還基準、すなわち避難指示解除準備区域の基準は年間20ミリシーベルトです。つまり避難基準と同じです。年間20ミリシーベルトが危ないからと避難したのに、年間20ミリシーベルトで戻れとはどういうことでしょうか。

子どもや妊婦を抱えた家庭を中心に、年間20ミリシーベルトを下回ったから戻れと言われてもとても戻れないと訴える人が、若い世帯を中心に大勢存在します。

図４　帰村できる放射能レベルは？

村民アンケートから

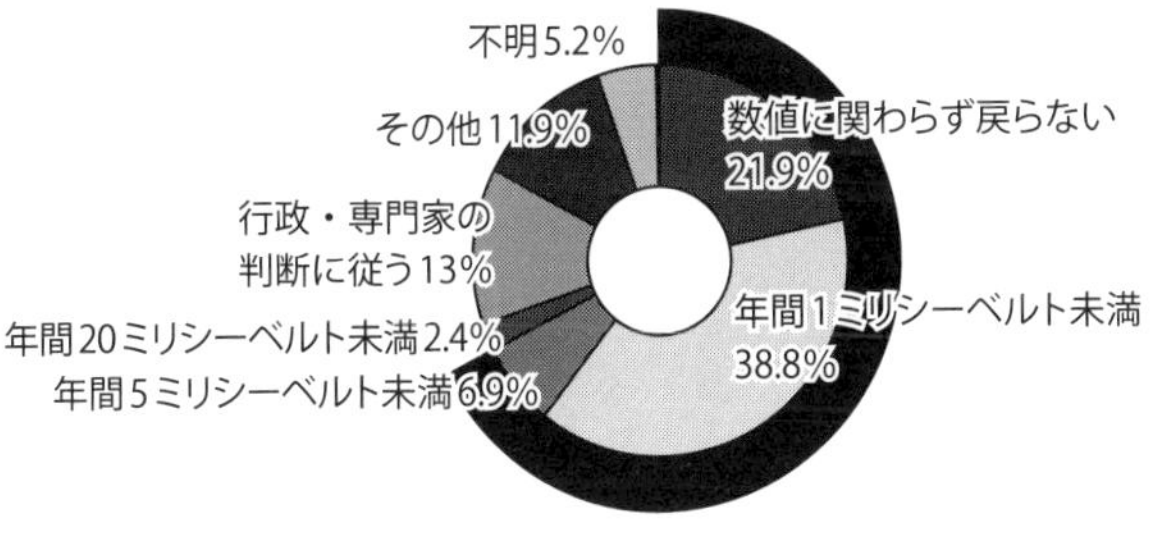

出典：NPO法人エコロジー・アーキスケープ　2013年1月8日
調査実施時期：2012年10月～12月

飯舘村の村づくりを支援してきた日本大学の糸長浩司教授ら、ＮＰＯ法人エコロジー・アーキスケープが２０１２年に実施したアンケート調査（対象１３６６人）によれば、年間１ミリシーベルトを下回れば帰還すると答えた住民が４割弱、数値がどうあれ村に戻って生活することはないと答えた住民は２割に上ります（図４）。

現在の避難区域解除の動きは、こうした住民の実情に合ったものではありません。

伊達市小国地区をはじめ、特定避難勧奨地点に指定された１２８世帯も「モニタリングを行なった結果、当該地点の解除後1年間の積算線量が20ミリシーベルト以下となることが確実であることを確認」したとして、12年12月に解除されました。賠償も２０１３年3月には打ち切りになりました。帰還者に対する新しい賠償が検討されている一方、

図５　伊達市小国地区での測定風景。局所的に高い放射線量を観測

フクロウの会／FoE Japan／ちくりん舎
2013.4.21測定
提供：福島老朽原発を考える会：青木一政さん

被ばくを恐れて避難したままの住民は、「兵糧攻め」となってしまいます。

福島老朽原発を考える会とＦｏＥ Ｊａｐａｎは２０１３年４月21日、伊達市小国地区において空間線量および土壌汚染の調査を行ないました。空間線量率は、広い範囲で放射線管理区域レベルを記録し、局所的には高い放射線量および土壌汚染を計測しました（図５）。避難勧奨を解除できる状況ではないはずです。

公衆の被ばく限度として年１ミリシーベルトという勧告はありますが、原子力災害が生じた時の避難や帰還に関して、国際的に明確な基準はありません。政府が国際的基準として常に引き合いにだすＩＣＲＰ（国際放射線防護委員会）の基準では、原子力災害直後の混乱状況のあとの「現存時被ばく状況」においては、年１～20ミリシーベルトの下方に参照値をとり、そこに向かって下げていくということになっています。

放射線防護に関しては、常に住民などのステークホルダー（利害関係者）の意見を聞きつつ、計画を立てることとなっています（ICRP Publication 111 2008年に理事会により承認）。日本政府の避難・帰還政策は、このICRPの基準にすら反したものとなっています。

そして何よりも、低線量被ばくによる健康へのリスクを過小評価し、結果として子どもも妊婦も含む住民に被ばくを強いる政策は、非人道的なものであると言わざるをえません。

最後に、福島市で渡利地区に住む菅野吉広さんの言葉を紹介しましょう。菅野さんは2児の父親です。仕事の事情でどうしても避難に踏み切れなかった菅野さんは、地域全体としての避難区域の設定を求め、何度も市や国に要請しました。

「あの未曾有の大災害から私たちを取り巻く環境は大きく変わりました。放射能という見えない恐怖との戦いの始まりです。避難をしても賠償の保証もなく、仕事の都合や周囲の理解が得られず、どうしても避難することができませんでした。避難区域指定を求め国や福島市に何度も交渉しましたが私たちの願いを聞き入れてくれることはなく、私たちには不安と一緒に住み続ける選択しか残されていませんでした。子どもたちに安心して暮らせるよと言えるのはいつの日なんでしょうか？」

菅野さんのような思いをかかえて福島に住み続ける人はたくさんいます。

国は、少なくともこうした住民の声を十分反映させ、幅広い社会的な合意をえた基準をもとに、避難・帰還政策を決定すべきなのです。

福島・被災者たちの声

「線量が高い。家のなかで1マイクロシーベルト／時を超えます。そんな環境に子どもを住まわせていいのかと不安です」

新潟への自主避難を決めました。生活費がかかりすぎる。今までにかからなくていい出費が増える。家のローンがあと30年ある。所変われば子どもの教育費等かさむ。交通費もかかる。汚染された土地と家、価値だってゼロなはずなのに、固定資産税の支払い（請求）が当たり前のようにくる。価値をなくされたのだから、補償や賠償があって当然だと思います。どんな思いで家を建て、子どもたちを育ててきたのか……、その家を捨てなければならない切なさと悔しさ……、言葉では言い表せません。

「何故毎日毎日被ばくしなければいけないのでしょうか？」

放射線の線量は家の脇の草むらで3マイクロシーベルト以上、家の中でも高いところで1マイクロシーベルトあります。事故が起きる前にはありえない数値です。しかも、20ミリ以下であれば、必ず安全が保障されるのではなく、たとえ将来、健康被害が起きても原発事故とは因果関係がないと国は言うでしょう。こんな状況なので、わたしは、これ以上の無用な被ばくは避けたいし、将来結婚し、子どもも欲しいので避難することを決めました。今、自分自身は無職であり、母と祖父も年金受給者なので、生活が財政的に厳しく、この原発事故のせいで無駄な出費も増え、さらに厳しい状況にあります。補償は必要です。

「なぜこの場所が避難区域外なのかが疑問」

現在、居住しているところは、飯舘村の国道１１５号より北に位置し、伊達市の隣りの相馬市玉野地区になります。3月17日、北里大学の先生が牧草地の検査結果として、セシウム１３４、１３７合わせて、約70万ベクレルを発表しました。以後、線量は落ち着きましたが、土壌や場所によっては、とても良好な環境とは言えません。なぜ、この場所が避難区域外なのかが疑問です。このような

コラム③

理由から避難せざるをえません。
相馬市に支援、回答を求めても飯舘村に比べれば線量が低いという回答だけです。市長の説明ではこのぐらいの線量では害はない。県に連絡をしても国の指針に従うというのです。しかし、補償の対象でない限り、避難しても経済的負担が増えるばかりです。

「このままでは借金をしなければいけないかもしれませんが、娘を守るためと県外に避難を決めました」

主人が福島に残り、私と娘が避難します。二重生活は経済的に苦しく大変です。福島も景気が悪く、主人の収入が減っているのに、さらに世帯が別れて生活はとにかく苦しいのです。娘の新しい学校では、体操着や学用品を新たに購入しなければなりません。

私たちは仕事をし、納税をし、地域のためにできることをしてきました。それが原発事故のせいで窓はあけられない、外で遊べない、あれもこれも我慢しろと言われるのに、税金は払えとはあまりにひどいです。放射能のことを考えると、福島は子どもたちにとって健康に健やかに暮らせる場所なのでしょうか？

「私たちには、被ばくを受けない権利があります」

子どもをこれからもとうかとする夫婦なので、話し合い、避難しました。長期的な放射能被ばくを懸念しての判断です。
被ばくを最小限にできるような対策を国や県、市が率先して行なっているのなら、なんとか工夫して生活できるかもしれませんが、現状はちがいます。だから、子どもを守るために少しでも遠くへ避難したい。
私たちには、被ばくを受けない権利があります。
自分で測定した結果、庭で3マイクロシーベルト、家の中で1マイクロシーベルト、外は地上10センチで最大25マイクロシーベルトありました。測定時点では、震災から2カ月近く経っており、急激な放射線の減少も望めず、子どもはここでは住めないと判断しました。

2011年8〜10月、FoE Japan、福島老朽原発を考える会が収集し、政府に提出した。

第4章

原発事故子ども・被災者支援法

丹治泰弘（司法書士）

チェルノブイリ法の教訓

「100年残すつもりでこの法律を作った。私の全政治家生命をかけて『日本版チェルノブイリ法』を作りたかった」

「原発事故子ども・被災者支援法」の立法に携わった、ある元国会議員の言葉です。

チェルノブイリ法は、1986年に旧ソ連で発生したチェルノブイリ原発事故から5年後の91年に成立しました。この法律は、福島第一原発事故を経験した私たちのように、低線量でかつ長期的な被ばくを強いられた人びとが多くの教訓を得られる貴重な先行事例です。

旧ソ連では、チェルノブイリ事故の後しばらくは既存の法規を活用して個別に被災者支援を行なってきました。ところが、既存の一時的な支援や1回限りの金銭の支払いでは対処できない事態が次々と生じてきました。学者や専門家による放射能の安全性に対する見解が相互に矛盾していたのは、当時のソ連も今の日本も同様です。そのような社会背景のもと、汚染地域に居住する人や自主的に避難する人を幅広く対象にした、総合的で、かつ持続性のある支援を定めた法律が必要になりました。当時の旧ソ連の公式文書は、その対象となった人びとのもつ不安、怒りを「法的根拠のある憤慨」と表現しました。チェルノブイリ法成立の直後、旧ソ連は崩壊しましたが、その後もロシア、ウクライナ、ベラルーシでは、原発事故の被害者保護の基本的なルールとなっています。

チェルノブイリ法は、①「被災地域」とはどこなのか？ ②「被災者」とは誰なのか？ ③どんな「支援」を受けられるのか？ を規定した法律です。

①「被災地域」については、原則として「住民の平均実効線量1ミリシーベルト／年」を「介入基準」とし、その基準を超えるばあいは国家が何らかの措置を必要とすると法律で明記しました。人工的な線引きにすぎない行政区画が基準として考慮に入っていない点は、日本との比較において重要な視点だと思います。

②の「被災者」についてチェルノブイリ法は(1)原発事故収束作業者(リクビダートル)、(2)「汚染地域」からの移住者、(3)「汚染地域」に住む人びとと規定しています。そのうち(1)のリクビダートルに対する保護が手厚いことや、胎児や孫以降の子どもも支援の対象となる「子ども」に含めると明記している点が、日本の原発事故子ども・被災者支援法とは大きく異なる優れた点です。

③の「支援」の内容で特に注目されるのが「健康診断」です。チェルノブイリ法では対象者が「一生涯にわたって」「無料で」健康診断を受けられることが約束されています。

またチェルノブイリ法では、年間の追加被ばく線量が1ミリシーベルトを超え、5ミリシーベルトを下回る地域の人びとに「移住権」を付与しました。「移住権」とは、住み続けるか、移住するかを選択できる権利です。対象となる地域の住民は、住み続けることを選ぶこともできる一方で、もし移住を選択したばあいは「引越し費用」「雇用保障」「住宅支援」「不動産の補償」といったさまざまな支援を受けることができます。「住んでもよいけれど移住する権利も認められる地域」というのは一見矛盾しているように感じられるかも知れません。しかし、その理由は、原発事故の影響があまりにも予見しがたいことに加えて、もともと個人差があるものだからです。そのうえ、事故の影響は広範囲でかつ長期に及びます。

そのような環境に身を置く住民に「今すぐ全員の避難」か「帰還と定住を推し進め、それでも避難するならそれは『自主避難』として扱う」といった限られた選択肢しか与えなかったとすれば、住民の間で「分断」と「対立」が生じることは明らかです。「移住権」はそのような「オールオアナッシング」「残酷な二者択一」を超える思想から生まれた「大いなる知恵」とも言えるでしょう。

こうしたチェルノブイリ法の諸規定の根幹にあるのが、「居住コンセプト」という考え方です。「居住コンセプト」とは、ロシア語の直訳なので、分かりにくい言葉ですが、「線量や汚染度がどの程度で、どのレベルを超えたら保護や規制が必要になるのか」についての共通理解ということです。逆にいえば、この「共通理解」がないまま、個別に医療や雇用、住居や移動費用などの問題をいくら論じても、一貫した、矛盾のない被災者支援を継続的に行なっていくことは困難です。

「居住コンセプト」の本質は、国と(まだ見ぬ未来の子どもたちを含めた)国民との「約束」です。チェルノブイリ法では、国が国民に対して「あなたたちが生まれるこの国では、1ミリシーベルト／年の追加被ばくは認めません。あなたたちが70年生きるとして、生涯で70ミリシーベルトを超える被ばくをこの国ではさせません」と国が国民に対して「約束」をしました。チェルノブイリ法の他の諸規定は、全てこの「約束」からの論理的帰結に過ぎないのです。

私はこの「居住コンセプト」こそが、チェルノブイリ原発事故から日本人が学ぶべきもっとも重要な「教訓」であると考えます。

100年の歴史に耐える心意気で「日本版チェルノブイリ法」を作り上げた日本の政治の力は、まだまだ捨てたものではありません。今こそ人びとの叡智を集めて「日本版居住コンセプト」を作り上げることを私は強く願っています。

原発事故子ども・被災者支援法の成立

2011年3月の福島原発事故以降、被害者の支援については、政府や福島県をはじめとするさまざまな関係諸機関が検討してきました。そして2012年3月14日、当時野党だった自由民主党など9つの党・会派の議員によって「平成二十三年東京電力原子力事故による被害からの子どもの保護の推進に関する法律案」が提出されました。続いて同月28日には、当時与党だった民主党など2つの党・会派によって「東京電力原子力事故の被災者の生活支援等に関する施策の推進に関する法律案」が提出されました。

両法案についてはその後、委員会で趣旨説明の機会が設けられましたが、内容に重なる部分が多かったため、両法律案を統合するための与野党協議の場が設けられました。その後統合された両法律案は6月15日、「原発事故子ども・被災者支援法案」として参議院本会議において全会一致で可決し、同月19日には衆議院本会議でも全会一致で可決・成立しました。すなわち、「原発事故子ども・被災者支援法」(以下、「支援法」)は、「衆参両議院」において「全会一致」で成立した法律なのです。

この法律の成立過程には、いくつかの特徴が見られます。

まず、この法律が、行政府(内閣)が下ごしらえをする「内閣提出法案」ではなく、立法府(国会)の議員による「議員立法」であるという点です。もちろん議員の間で細かな意見の相違はありました。しかし「子どもの未来を守る」「国民の健康といのちを守る」という目的のため、党派を超えて協力して作り上げたという背景があります。水面下では予算の観点から政府側が成立を渋る動きがあったようですが、心ある議員の熱意がそれを押し切ったという構図があります。

そして、提出から成立までたった3カ月という異例のスピードで成立したのも大きな特徴です。そして「公布」された即日に「施行」されました。「子どもたちには時間がない」との強い想いが議員の方々を動かしたであろうことは想像に難くありません。

ただ、その一方で、具体的な内容については政府が決定する「基本方針」に委ねられることとなりました。そのため、支援法は「理念法」とか「プログラム法」などと呼ばれることもあります。これは、「支援対象地域」が定まり、「基本方針」が定まらない限り、支援法はいわば「絵に描いた餅」のような具体的な支援施策が何ら定まらない状態におかれてしまうことを意味します。

結局、これらの「特徴」がそのまま、後で述べるような支援法の「塩漬け問題」へとつながっていってしまいました。

支援法の内容とその意義

ここまで課題などを書いてきましたが、この法律には素晴らしい点がたくさんあります。

これまで「支援法」と簡略してきましたが、実はこの法律の正式名は「東京電力原子力事故により被災した子どもをはじめとする住民等の生活を守り支えるための被災者の生活支援等に関する施策の推進に関する法律」というもっと長いものです。ここで重要なことは、これだけ長い名前の法律であるにも関わらず「地名」が書いていないことです。このことは、「地域」の復興や再生よりも、むしろ健康上の不安を抱え、生活上の負担を強いられている「被災者」、すなわち「人」の生活支援に重点が置かれていることの象徴であると考えることができます。

それに対して「福島復興再生特別措置法」など、「地域」の復興・再生に重点が置かれている法律は、法律名に対象となる地名を冠しているのが一般的です。

また、このことと並んで非常に画期的だったのは「被ばくを避ける権利」が正面から認められたことです。「被ばくを避ける権利」というはっきりした文言はないものの、「移住」「帰還」「居住」のどの選択をしたとしても必要な支援を受けられるという内容になっています。「被ばくを避ける権利」とは「避難する権利」と「日常生活における被ばくを避ける権利」の2つの概念から成り立っており、「避難者」のみを対象にしているわけでも「帰還」や「居住」のみを勧めるものでもありません。根本にある理念は「自己決定権の尊重」であり「多様な選択肢の尊重」であり、選択の機会を実質的に保障するための「情報公開の徹底」です。

では、なぜこのような「権利」が必要なのでしょうか？

それは一つには「放射線が人の健康に及ぼす危険について科学的に十分に解明されていない」（同法1条）からです。

もう一つの理由は、「権利」であることによって国家に対する「請求権」の根拠となるからです。法的に、国家と個人の間で「権利」という言葉を使うばあいには、2つの側面があると言われています。

一つは「自由権」的な側面であり、このばあいは「避難」「帰還」「居住」を国に強制されないという意味です。もう一つは、先述した「請求権」的側面であり、実質的に自らの「権利」が行使できない事態にあるばあいには、行使でき得る状態にするよう、国に対して請求することができます。「権利」であることが認められていなければ、仮に国が何らかの支援を施したとしても、それはいわば「措置」的なもの、恩恵的に与えられるものにすぎなくなってしまい、そのときそのときの政治状況や経済状況によって政策の実施が左右されてしまう危険があります。

では、このような権利はどのように根拠づけられるのでしょうか？

「放射能時代」とも言われる時代を新たに迎えたにもかかわらず、「被ばくを避ける権利」という文言が国内法規のどこを見ても書いていない現状では、その法的な根拠は国の根本規範である憲法に求めるしかありません。日本国憲法前文には「すべての人びとが恐怖と欠乏から免れ、平和のうちに生存する権利」を有するとされており、13条には「生命に対する権利につき、国政の上で最大の尊重を必要とする」との文言があります。また国際法では、国際人権条約の一つである「社会権規約」に「子どもを含む私たちには、到達可能な最高水準の健康を享受する権利がある」との規定があり、同じく国際人権条約の一つである「子どもの権利条約」には「締結国（日本も批准国の一つ）は子どもの健康についての情報を子どもと父母に提供する」との規定があります。

しかし、このような法的な根拠をわざわざ持ち出すまでもなく「我が子の健康と生命を守りたい」という気持ちは、生きとし生けるものであれば、みんなが自然ともっている根源的な要求です。したがって「危険な放射能から我が子を守りたい」という要求も法的保護に値するものだと評価できます。

また、支援法の内容を考えるに際しては「予防原則」に基づくことを忘れてはいけません。「予防原則」とは「環境に重大な影響を及ぼすばあいには、科学的な知見が不十分でも対策を採るべきである」という環境学で採用されている原則です。つまり、「予防」のために「支援」を行なうべきであって、その目的が「管理」が目的であったり「調査」が目的であったりしてはいけないということです。

余談ですが、現在福島県が行なっている県民「健康」「管理」調査に対して「モルモットにされている感じがする」「自分の情報なのに詳しく開示してもらえない」といった不満が多く聞かれるのも、その名のとおり「管理」と「調査」のみが目的になっているように感じられるからではないでしょうか？　名前の中に「予防」の文言があり、それに伴って検査内容も「予防」を一番の目的としていたら、対象者の印象も少しは違っていたのかもしれません。

ところで支援法は政府の義務として「基本理念に則った、被災者生活支援等施策の推進に関する基本方針」を定めなければならないと規定しています。また、その前提として、政府は「あらかじめ影響を受けた地域の住民等の意見を反映するために必要な措置を講ずる」とされています。これを受けて13年8月、国は「基本方針案」を公表しました。ところがその案は、住民意見の反映の「手続き」面でも支援対象地域の「範囲」の面でも、被災者支援等施策の「内容」の面でも、およそ支援法の理念とはかけ離れていると評価せざるを得ないものでした。これについては後述します。

支援法では、医療、居住、移動交通費、就労支援等について例示されていますが、このうち、「医療費の減免」については「ネガティブリスト方式」と呼ばれる方式が採用されています。通常、被害者が加害者に損害賠償請求等を行なうばあい、その被害の原因が加害行為にあること（「因果関係」と表現します）を証明する責任は被害者側にあります。ところが、支援法ではその証明責任を被害者に負わせず、明らかに事故との因果関係が否定されるもの以外は支援の対象としました。これも非常に画期的なことです。放射能の影響がいつ明確になるか分からず、分かったとしても事故から長期間が経過していることが予想されること、そして、そのばあいの被害者側の立証の困難性に着目した規定であると言えるでしょう。

危機を迎える支援法

支援法は、その理念も内容も素晴らしい面がたくさんあり、自主的避難等対象区域と呼ばれる区域（福島県内の浜通り、中通り地域23市町村）に多く見られる住民同士の「分断」と「対立」を乗り越える「多くの知恵」が詰まっていると評価できます。

しかし、現在、この支援法は十分生かされておらず、むしろ危機的とさえ言える状況にあります。支援法の成立以降、被災当事者や、その支援団体は「早く基本方針を定めて欲しい」「その前提となる、住民の意見を反映するための措置を早く行なって欲しい」ということを、さまざまな場を通して訴えてきました。

ところが、支援法の成立から1年以上経過しても基本方針案はおろか、その前提となる「住民の意見を反映するための必要な措置」も取られることはありませんでした。支援法に先立って成立した「福島復興再生特別措置法」の基本方針が、法案成立後約3カ月で成立していることと比較しても、その対応が遅すぎることは明確でした。基本方針が定まっていないため、13年度予算においても、支援法関連の予算は、ほとんど盛り込まれませんでした。そのため、自主的避難者を初めとする被災者の生活はどんどん疲弊していきました。

そのような中、復興庁から2013年3月に「原子力災害による被災者支援施策パッケージ」が発表されました。当時の復興大臣からは「支援法の目的・趣旨をしっかり読み込んで、取りまとめたものが今回の施策パッケージです」「支援法による必要な施策については、この対策で盛り込んだと考えております」との説明がありました。ところが、支援法と施策パッケージの理念・趣旨は全く異なるものでした。

支援法が「放射線の影響が科学的に明らかではない」という謙虚な姿勢に立ったうえで、「だからこそ各個人の自己決定権、被ばくを避ける権利を尊重しなければならない」という理念に基づいているのに対し、支援施策パッケージは、「福島県において運動する機会が減少し、肥満の拡大や体力低下、多くのストレスを抱えている」ことを問題として捉え、その問題への対応を主としています。もちろんそれらの対応も重要なことです。しかし、全体として両者を見比べてみると「多様な選択肢を認める」という支援法の理念とは大きくかけ離れていると評価せざるを得ません。

また、具体的な内容についても問題があります。支援施策パッケージでは、90近くの施策を「自主避難対策」として挙げてあります。しかし、そのほとんどは前から実施されている政策があらためて掲げてあるにすぎません。

また、この支援法施策パッケージの策定に当たって、住民の意見を聴く機会は設けられていません。その点から考えてみても「情報公開」という支援法の重要な理念の一つが抜け落ちていると判断せざるを得ません。

その後しばらくして、マスコミ各社によって復興庁で支援法を担当していた水野靖久参事官の「不適切ツイート問題」が発覚しました。水野参事官はツイッターの中で「懸案が一つ解決。白黒つけずに曖昧なままにしておくことに関係者が同意」との書き込みの他、支援法の成立に携わった議員や、被災者、支援者を愚弄するような暴言を多数書き込んでいました。もちろん書き込み自体は個人がしたものですが、その内容は復興庁全体が支援法を店晒《たなざら》しにしようとしているのではないかと疑わせるには十分でした。

そこで２０１３年8月、福島県内外の避難者や高線量地域の住民を中心に、「立法府が成立させた法律を行政府が施行しないことは違法ではないのか？　支援法を早期に具体化してほしい」との内容の訴えを裁判所に提起することとなりました。その結果、わずか1週間後に、政府による「基本方針案」が発表されました。

支援法は住民の「意見反映の措置」を規定していますが、この「基本方針案」は、短期間に募集されたパブリックコメントと、福島と東京で1回ずつ説明会を行なっただけでまとめられました。「住民の意見反映の措置」としては、あまりにも不十分だと評価せざるを得ません。

また支援法は、支援対象地域について、放射線量が「一定の基準以上である地域」と明文で規定しているにも関わらず、基本方針案は「一定の基準」を定めないまま、対象を福島県中通りと浜通りの33市町村としました。これでは、支援対象地域が狭すぎる上に、法の規定にも反しています。また、「被災者生活支援等施策」についても、そのほとんどが既存の政策の寄せ集めにすぎず、内容も居住者や帰還者への対策に偏っているという傾向があります。そして、被災者の関心がもっとも強い健康対策・医療費減免措置が先送りされています。このようにこの「基本方針案」は内容がきわめて不十分です。その後、福島市や東京における説明会や、数多くのパブリックコメントの中で、「支援対象地域の見直し」を含むさまざまな要望の声が寄せられたものの、結局大幅な見直しがなされないまま、政府の基本方針案は２０１３年10月に閣議決定されてしまいました。支援法の理念を生かすためには、あきらめず、これからも声を上げ続け、改善を促し続ける必要があります。

支援法の今後に向けて

自主的避難等対象区域やその外に点在する「ホットスポット」と呼ばれる区域の住民の間には、

深刻な「分断」と「対立」の構図が存在します。

それを乗り越えるためには「多様性」を認め合うことが前提となります。「低線量長期被ばく」という、日本人はおろか、人類にとって未知な部分が多い問題と直面せざるを得なくなった私たちにとって、「多様性」は欠かすことができないキーワードです。支援法は、その大きな可能性を秘めた法律であり、それを今後、より生かしていくことが重要です。

「基本方針」が新たな「線引き」や「分断」、さらには「対立」をも生み出し、単なる「棄民政策」に終わることだけは、何としても避けなければなりません。それはつまるところ、「未来世代への責任」を果たせないことになるからです。そして、「多様性」を十分に認めることが、被災地の真の「復興」にもつながると考えます。「復興」は被災地に残る人、被災地に帰った人だけでなされるものではないはずです。

「移住」という選択を選んだ人を「故郷を捨てた人」「もう戻らない人」と一方的に決めつけてひたすら「帰還」を促すのではなく、「多様な選択肢」を認めたうえで、被災地と移住先を行ったり来たりすることを支援し、移住した後でも被災地の復興に資する方法も模索するべきだと思います。例えば「東日本大震災版ふるさと納税」のような税制度を設け、移住先でも被災地の自治体を財政的に支援するという方法を検討してもよいかもしれません。いずれにしても、「自己決定権の尊重」と、それを実質的に保障するための「情報公開」と、「多様性」を認め合う社会が、被災者にとっても、これからの日本全体にとっても必要なのではないかと強く思います。

ところで、今まで述べてきた支援法の問題点は、実はもっと根本的な問題につながっています。

前述のとおり、支援法は「立法府」である国会の議員が「全会一致」で可決成立させた法律です。それを、「行政府」である内閣が実施せずに放置し、実施する際にも内容を骨抜きにするような方針を立てたために多くの批判の声が上がっているわけです。私たちは学生時代、主権者である国民が選挙を通じて選んだ「国会」(立法府)が法律を作り、「内閣」(行政府)が法律を施行し、それによって紛争が生じたばあいには「裁判所」(司法府)が解決する「三権分立」が大原則になっている、と社会の時間に習いました。

しかし、直接に民主的なコントロールを受けていない「行政府」が法律を実施するかしないかを決め、広範な裁量権を行使して法律の理念を骨抜きにしたらどうなるでしょうか？　国民の民意はどのように国政に反映させればよいのでしょうか？　結局「この国の主権者は一体誰なのか？　国民なのか、内閣なのか、もしかしたらそれを牛耳る官僚なのか？」という、「国のあり方」を考えるうえで非常に本質的な問題につながります。

そして、はからずも「原発事故」という、何世代にもわたって解決しなくてはならない問題を子孫に負わせてしまった私たちの世代は、子孫たちに対してその責任を果たす義務があります。問題は山積しており、とても私たちの世代ですべてを解決できるものではないかもしれません。しかし、できるだけ早くしなくてはならないこと、それは子孫たちに「あなたたちが生まれたこの国はこういう国で、これからこのように進もうとしているのです」という「ことば」を紡ぎ出すことだと思います。チェルノブイリでは「居住コンセプト」という「ことば」で未来を語りました。では、私たちはどのような「ことば」を未来世代に残すことができるのでしょうか？

それは、私たち一人ひとりが、これから考えなくてはなりません。その「ことば」、すなわち、大きな根本理念さえ定まれば、あとはその帰結となる個別の政策は自ずと決まってくるはずです。逆にそれが決まらないと、場当たり的な枝葉末節の議論に被災者が踊らされ、いつの間にか問題は先送りされ、事故そのものが風化してしまいかねません。

私たちが自信をもって、未来を語れる「ことば」。

この「ことば」こそが、原発事故後の日本の新たな法体系の要となるはずです。

参考文献

・3・11とチェルノブイリ法（尾松亮）　東洋書店

・立法と調査　2012・10　NO333（参議院事務局企画調整室編集）

・検証　福島原発事故・記者会見3　欺瞞の連鎖（木野龍逸）　岩波書店

コラム④

放射線被ばくと健康管理～子どもたちの健康は守られるか？

子どもの甲状腺がん、「確認」33人、「疑い」41人

2014年2月、福島県立医科大学は、県民健康管理調査を受けた福島の子どもたち25万4280人のうち、33人の甲状腺がんを確認し、41人の子どもたちに甲状腺がんの疑いがあると発表しました。

県民健康管理調査検討委員会の鈴木眞一福島医大教授は「チェルノブイリ事故でも甲状腺がんは発生まで最短で4年。福島ではチェルノブイリと比しても被ばく量は少ない。事故後わずかしか経過していないことから、放射線の影響とは考えられない」と福島原発事故の影響を否定しました。

チェルノブイリ事故後の甲状腺がんの発生（図）は、「事故後4～5年後から急増した」という方が正しく、それ以前にも甲状腺がんの発症はありませんでした。

被ばくに伴う甲状腺がんは、通常の甲状腺がんとは異なり、①小児も発症する、②通常より進行が速い、③転移を伴うケースもある、④深刻化するケースもある——といった特徴があります。

隠されたチェルノブイリ事故の健康被害

日本政府は、100ミリシーベルトの被ばくでがん死が0.5％上昇すると認めていますが、これらは飲

甲状腺がんのベラルーシにおける発生率

[グラフ: 10万人中の発生例、1986年〜2002年]

- 思春期（15〜18歳）: 0.3, 0.8, 0.1, 0.3, 0.2, 1.4, 2.9, 3.4, 3.5, 3.8, 3.0, 4.2, 5.6, 6.6, 9.5, 11.3, 9.7
- 小児（0〜14歳）: 1.2, 2.3, 2.9, 3.2, 4.0, 3.8, 3.1, 2.6, 2.5, 1.7, 0.7, 0
- 若年成人（19〜34歳）: 0.4, 1.0, 0.6, 1.9, 1.4, 2.1, 2.6, 3.4, 4.9, 5.7, 5.7, 6.9

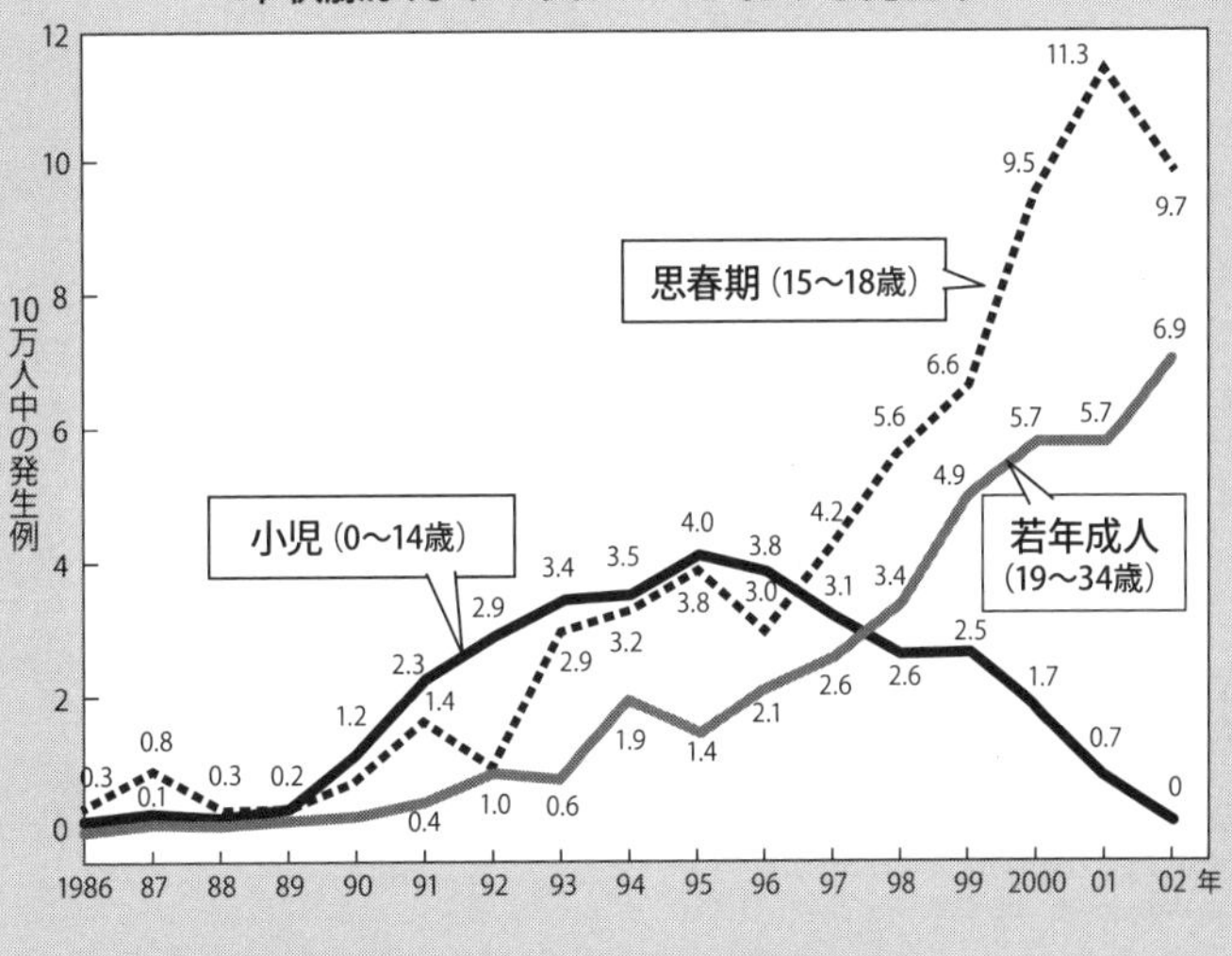

出典：Demidchik Yu, Saenko V, Yamashita S. ABEM 2007 51: 748-62

酒やたばこや生活習慣など他の影響にうもれて証明困難としています。また、「チェルノブイリ原発事故の知見では甲状腺がん以外の疾患は認められない」といった見解に立っています。

しかし、それは本当なのでしょうか？　チェルノブイリ原発事故後、現場の医師たちからは、甲状腺機能低下、白内障、心臓や血管の疾患、免疫・内分泌の障害、糖尿病など、子どもたちの疾患が増加し、警告の声が発せられました。

２０１１年に発表された「ウクライナ・ナショナルレポート」では、１９９２年と比べ２００９年には子どもたちに特定の病気が急速に増加したことが報告されています。内分泌系疾患が11・61倍、筋骨系疾患が５・34倍、消化器系が５・０倍、その他、精神・行動の異常、循環器系疾患、泌尿器系疾患の増加がみられます。

しかし、広島放射線影響研究所の重松逸造理事長（当時）を委員長とするＩＡＥＡの国際諮問委員会は、１９９１年の時点では「(チェルノブイリでは）放射線被ばくと関連するいかなる健康障害も認められない」とし、甲状腺がんの増加すら認めませんでした。その後、事故後に生まれた小児からは小児甲状腺がんが認められなかったため、小児甲状腺がんだけは　事故との因果関係を認めたのです。

あまりに不十分な「健康管理」の体制

現在の福島県民健康管理調査には、多くの問題点があります。

第一には、放射線の健康影響が「極めて少ない」という認識を前提にしていることです。そこでは、チェルノブイリ原発事故の健康被害についても、子どもの甲状腺がんの増加のみだという認識です。

第二には、情報管理・開示のルールが不明確であること。現在は福島県立医大がデータをすべて管理し、どのような基準によるのか分からないような形で公表しているため、第三者が検証できません。

第三に、詳細な健康診査の対象者を避難区域から避難した人と基本調査で高い被ばく量とされた人に限定していること。避難区域外の県民については、通常の健康診査の受診を「勧奨」するだけです。

第四に、チェルノブイリ事故の際には重視された白血球の量等の詳細な血液検査が限定された対象者にしか行われていないことです。

健康管理の対象を広げるとともに、第三者委員会の設立などが求められています。（満田夏花　ＦＯＥ ＪＡＰＡＮ理事）

あとがきによせて

白石 草（OurPlanet-TV 代表）

原発事故から3年がたちます。しかし、この間、国は被ばくを余儀なくされた人に対して何一つまともな対応をしていません。それどころか、線量基準に基づいた適切な防護体系をとらないまま、年20ミリシーベルトという避難基準を継続しようとしています。今後、旧警戒区域の避難指示を次々に解除し、帰還政策を加速させる見込みです

いったい誰がこのスキームを決めたのか。ここに着目する必要があります。避難区域を小さくとどめ、自主避難を認めず、地域を分断する賠償スキームを主導しているのは何者なのでしょうか。

２０１１年10月19日。福島市の渡利小学校の体育館では、特定避難勧奨地点指定に関する説明会が開催されていました。夜7時に始まった説明会は、避難指示を回避するための「除染説明会」と姿を変え、結局、夜中の12時まで怒号の飛び交うものとなりました。

その会の最後、私の目に焼き付いたものがありました。終始、矢面にたっていた政府原子力災害現地対策本部の室長が体育館から逃げるように去ったとき、ジャンパーの背中には「経済産業省」という大きなロゴがあったのです。東電と並び、事故原因を作った最大の「戦犯」である経済産業省。彼らが住民の避難政策にあたるという、いびつな現実を見せつけられた気がしました。

そう。原発被災者にまつわるさまざまな政策のグランドデザインを描いてきたのは経済産業省です。「内閣府原子力被災者生活支援チーム」という緊急時に設置されたあいまいな組織が経産省の別働隊となり、避難政策を策定し、全体を仕切っています。

経済産業省の狙いは一つです。「復興」という美名のもとに被災住民に支払うコストを低く抑え、原発を再稼働に導くことです。そのために低線量被ばくは徹底的に無視し、IAEA(国際原子力機関)やUNSCEAR(国連科学委員会)など、被ばく影響を極端に過小評価する国際機関の報告書だけを正当化する戦略をとっています。

マスメディアはこの術中にまんまとはまってしまいました。この3年、政府が「科学的」とされる報告書の中身を検証したり、避難政策を批判的に報じたマスメディアはわずかです。多くのメディアが政府の発表を垂れ流し、被ばく問題に正面から取り組むことを避けています。

このように現実は厳しいものの、一筋の希望があります。それはメディアが全く報じないにも関わらず、追加被ばく年間1ミリシーベルトという基準が、人びとの間にじわりと浸透していることです。

政府はいま、時計の針を事故前に戻すかのごとく振る舞っています。民主党時代の原発ゼロの方針を白紙にし、避難を解除し、健康調査にもまともに取り組む姿勢もありません。それとは裏腹に、すでに福島県の健診では、去年末の段階で33人にのぼる子どもが甲状腺がんと診断されています。

これに対し、政府と近い専門家は、事故の影響ではないと主張しています。チェルノブイリ原発事故よりも被ばく線量が低いというのです。しかし、日本では事故後きちんとした検査が実施されず、信頼に値するデータが存在しません。「不安を煽るな」という理由で、詳細な検査をストップさせたのは、ほかでもない経済産業省のERC(緊急時情報センター)医療班でした。

政府は今後、あらゆる健康問題を精神的な問題にすり替え、「リスクコミュニケーション」という名の不安対策だけを続けていくでしょう。しかし、それを許してはなりません。特に子どもに対して、一切の被ばく低減措置をとっていない現状はすぐにでも変える必要があります。本書を手に取った一人ひとりが、事故が引き起こした厳しい現実を変えていく担い手となることを期待しています。

執筆者紹介

満田 夏花（みつた・かんな）

国際環境NGO FoE Japan理事。メコン・ウォッチ政策担当。一橋大学非常勤講師。3.11以後、福島の被災者とともに、20ミリシーベルト撤回、避難の権利確立、原発事故子ども・被災者支援法の制定と実施などに取り組んできた。

阪上 武（さかがみ・たけし）

福島老朽原発を考える会代表。原子力規制を監視する市民の会。1995年に福島老朽原発を考える会を立ち上げ、原発の安全上の問題に警鐘を鳴らし続けてきた。3・11以降は、子どもたちの被ばくを軽減するための活動、自主避難者の支援活動、原発再稼働に反対する活動を続けている。

丹治 泰弘（たんじ・やすひろ）

司法書士。福島の子どもたちを守る法律家ネットワーク（SAFLAN）運営委員。全国青年司法書士協議会原発事故被害対応委員会委員長。3.11以降、福島市から岡山市に子どもの被ばくを避けるために家族で移住した。被災地域の住民、自主的避難（者）の当事者の一人でもある。

崎山 比早子（さきやま・ひさこ）

元放射線医学総合研究所主任研究官。医学博士。東京電力福島原子力発電所事故調査委員会委員。放射線低線量における健康被害の問題について、発言をしてきた。

宍戸 隆子（ししど・たかこ）

札幌の自主避難者コミュニティ代表。札幌の支援団体の一員として、避難者の相談や、福島の実情を伝える活動をしている。

白石 草（しらいし・はじめ）

大学卒業後、テレビ局勤務を経て、2001年に非営利のネットメディアOurPlanet-TVを設立。原発報道をめぐり2012年に「放送ウーマン賞」「日本ジャーナリスト会議賞」を受賞。一橋大学大学院客員准教授。主著に『ビデオカメラでいこう』（七つ森書館）『メディアをつくる - 小さな「声」を伝えるために』（岩波書店）など。

編集協力：加藤直樹
協力：吉田明子（eシフト事務局）

eシフト参加団体

国際環境NGO FoE Japan／環境エネルギー政策研究所（ISEP）／原子力資料情報室（CNIC）／大地を守る会／NPO法人日本針路研究所／日本環境法律家連盟（JELF）／「環境・持続社会」研究センター（JACSES）／インドネシア民主化支援ネットワーク／環境市民／特定非営利活動法人APLA／原発廃炉で未来をひらこう会／気候ネットワーク／高木仁三郎市民科学基金／原水爆禁止日本国民会議（原水禁）／水源開発問題全国連絡会（水源連）／グリーン・アクション／自然エネルギー推進市民フォーラム／市民科学研究室／グリーンピース・ジャパン／ノーニュークス・アジアフォーラム・ジャパン／フリーター全般労働組合／ピープルズプラン研究所／ふぇみん婦人民主クラブ／No Nukes More Hearts／A SEED JAPAN／ナマケモノ倶楽部／ピースボート／WWFジャパン（公益財団法人 世界自然保護基金ジャパン）／GAIAみみをすます書店／東京・生活者ネットワーク／エコロ・ジャパン・インターナショナル／メコン・ウォッチ／R水素ネットワーク／東京平和映画祭／環境文明21／地球環境と大気汚染を考える全国市民会議（CASA）／ワーカーズコープ エコテック／日本ソーラーエネルギー教育協会／THE ATOMIC CAFE／持続可能な地域交通を考える会（ SLTc）／環境まちづくりNPOエコメッセ／福島原発事故緊急会議／川崎フューチャー・ネットワーク／地球の子ども新聞／東アジア環境情報発伝所／Shut泊／足元から地球温暖化を考える市民ネットワークえどがわ／足元から地球温暖化を考える市民ネットワークたてばやし／東日本大震災被災者支援・千葉西部ネットワーク／公害地球環境問題懇談会（2014年3月11日現在）

編者紹介

eシフト（脱原発・新しいエネルギー政策を実現する会）

3・11のあとに誕生した脱原発を目指す共同アクション。日本のエネルギー政策を自然エネルギーなどの安全で持続可能なものに転換させることを目指す市民のネットワーク。個人の参加に加えて、気候ネットワーク、原子力資料情報室、WWFジャパン、環境エネルギー政策研究所、FoE japanなど、さまざまな団体が参加している。

【問合せ先】

eシフト（脱原発・新しいエネルギー政策を実現する会）事務局
国際環境NGO FoE Japan内
〒171-0014　東京都豊島区池袋3-30-22-203
TEL: 03-6907-7217　FAX: 03-6907-7219
http://e-shift.org

合同ブックレット・eシフトエネルギーシリーズ　vol.5

「原発事故子ども・被災者支援法」と「避難の権利」

2014年4月10日　第1刷発行

編　者　eシフト（脱原発・新しいエネルギー政策を実現する会）
発行者　上野　良治
発行所　合同出版株式会社
東京都千代田区神田神保町1-44
郵便番号　101-0051
電話　03（3294）3506
振替　00180-9-65422
ホームページ　http://www.godo-shuppan.co.jp/
印刷・製本　株式会社シナノ

■ 刊行図書リストを無料進呈いたします。
■ 落丁乱丁の際はお取り換えいたします。

本書を無断で複写・転訳載することは、法律で認められている場合を除き、著作権及び出版社の権利の侵害になりますので、その場合にはあらかじめ小社宛てに許諾を求めてください。

ISBN 978-4-7726-1110-7　NDC360 210 × 148

©eシフト、2014